非常规储层水力压裂微地震成像

[加] Shawn Maxwell 著

李彦鹏　王熙明　徐　刚　储仿东　译

石油工业出版社

内 容 提 要

本书概述了各种活动诱发的微地震和压裂基础知识；对包括与水力压裂有关的相关环境问题进行了讨论；介绍了微地震技术的演变和数据的工程应用；对观测系统设计和基本处理、为获得可靠微地震成果而采取的质量控制措施、水力压裂的地质力学和微地震源理论、微地震资料解释准则，以及微地震成像的工程应用进行了系统描述。附录包含了有关微地震可交付成果和报告方面的建议，同时介绍了启动某个项目所需的资料清单。本书强调了数据的局限性和其潜在的缺陷。

本书作为微地震水力压裂裂缝监测采集设计、质量控制、解释和应用的指南，可供从事非常规油气勘探开发的科技人员参考，也可作为大中专院校及科研院所相关专业的课外参考书。

图书在版编目（CIP）数据

非常规储层水力压裂微地震成像/〔加〕麦克斯韦（Maxwell, S.）著；李彦鹏等译. —北京：石油工业出版社，2015.12

书名原文：Microseismic Imaging of Hydraulic Fracturing：Improved Engineering of Unconventional Shale Reservoirs

ISBN 978-7-5183-0871-2

Ⅰ. 非…

Ⅱ. ①麦… ②李…

Ⅲ. 油气藏-储层-水力压裂-微地震裂缝成像

Ⅳ. P618.130.8

中国版本图书馆 CIP 数据核字（2015）第 234637 号

Translation from the English language edition："Microseismic Imaging of Hydraulic Fracturing：Improved Engineering of Unconventional Shale Reservoirs" by Shawn Maxwell

Copyright © 2014 Society of Exploration Geophysicists, All rights reserved.
The work is available in English for purchase from SEG

本书经 Society of Exploration Geophysicists 授权石油工业出版社有限公司翻译出版。版权所有，侵权必究。

北京市版权局著作权合同登记号：01-2015-7633

出版发行：石油工业出版社

（北京安定门外安华里 2 区 1 号 100011）

网 址：www.petropub.com

编辑部：（010）64523533 图书营销中心：（010）64523633

经 销：全国新华书店

印 刷：北京中石油彩色印刷有限责任公司

2015 年 12 月第 1 版 2015 年 12 月第 1 次印刷

787×1092 毫米 开本：1/16 印张：10

字数：250 千字

定价：78.00 元

（如出现印装质量问题，我社图书营销中心负责调换）

作 者 的 话

It is a great honor to see the textbook associated with my 2014 SEG Microseismic DISC tour translated into Chinese. The DISC tour provided a fantastic opportunity to travel the globe and interact with geophysicists attempting to utilize microseismicity in a variety of settings. I was repeatedly reminded that while the technology is relatively mature in North America, there can be significant challenges applying in different geologic conditions. Particularly in China, it seems that utilizing microseismicity is challenged by tectonically deformed reservoirs with complex geology, along with operational difficulties. Interpretation of microseismicity also appears to be more complicated in China due to high tectonic stress. Nevertheless, I understand that the microseismicity is increasingly being used and adapted within China to improve hydraulic fracturing operations for an effective unconventional reservoir exploitation. I look forward to learning more of Chinese innovations and technology improvements as the technology adaption increases and hope that the DISC textbook is of some use.

看到我的 2014 年 SEG 杰出讲师短训课程（DISC）教材有了中文译本，感到非常骄傲与自豪。DISC 巡回讲座给我提供了周游世界，与许多微地震地球物理专家相互交流的极好机会。人们多次提醒我，尽管微地震在北美相对成熟，但在其他不同地质条件下，技术应用仍面临巨大挑战。在中国尤为明显，复杂地质构造形变的储层给微地震带来了挑战，同时工程作业也存在困难。较高的构造应力微地震解释也更加复杂。然而，我了解到中国为了有效开发非常规油气藏，提高水力压裂工程作业水平，正越来越多地应用微地震技术。随着在中国的应用增加，我期望这项技术得到较多的改进和创新，也希望这本 DISC 教材能够对大家有所帮助。

It was a truly a pleasure visiting China during my DISC tenure and I am grateful to my many hosts for their generous hospitality, the attention of the many students who attended the course and of particularly the dedication and patience of my translators. Microseismic has become my personal passion in addition to a professional career and I hope that the reader is able to find some inspiration from the book.

在 DISC 授课期间，对中国的访问非常愉快。感谢东道主们的盛情接待，感谢广大学员的认真专注，尤其感谢翻译者的奉献和耐心。除了职业原因外，微地震已经成为我个人的挚爱，我希望读者能够从本书获得一些灵感和启迪。

（Shawn Maxwell）

2015 年 10 月 12 日

序 言

Foreword

　　进入 21 世纪，世界经济进入了一个新的发展周期，对化石能源的需求日益高涨，油气生产显得相对不足。在此情况下，非常规油气进入了人们的视野，肇始于美国巴奈特页岩的一系列工程技术如水平钻完井技术、大规模体积压裂技术及微地震监测技术等得到飞速发展，形成了席卷全球的"页岩气之风"，国际能源格局也因此发生了深刻而彻底的变化。

　　我国的经济经过多年的快速发展，能源对外依存度越来越高，因此也更加期待在页岩气等非常规油气技术方面的突破。尽管我国的致密气、页岩气和煤层气等非常规油气资源量丰富，但与美国的非常规油气盆地相比，无论是地表条件还是地下构造均更为复杂，开发难度比美国困难许多。这意味着我们无法照搬国外的技术。近年来，经过持续不断的自主研发和技术引进，在国内基本形成了从水平钻完井、大规模体积压裂到微地震监测的完整的工程技术序列。在整个工程序列中，微地震监测对于指导水平井设计及压裂方案的优化起到了非常积极的作用，也是目前最为可行的压裂效果评估技术。

　　微地震监测使我们不仅能够听到压裂的声音，更加能够看到压裂所产生的裂缝形态和规模。然而，非常规油气开发技术是一项复杂的系统工程，各工程技术之间的相互渗透显得尤为重要。目前国内较为综合的微地震方面的技术类书籍较少，加拿大著名微地震技术专家 Shawn Maxwell 的《非常规储层水力压裂微地震成像》一书的翻译出版为非常规油气开发工程师和高等院校及科研机构的技术人员提供了一本内容充实、图文精美的微地震专业技术著作。该书不仅涵盖了微地震采集处理和解释应用的全过程，对于压裂工程也进行了介绍，相信各相关领域的读者一定会从中获益。

吴奇

2015 年 10 月 26 日

前 言
Preface

微地震监测是水力压裂裂缝成像的关键技术。随着近期石油行业对非常规油气资源的重视和对用于增产而进行的有效水力压裂施工的有关需求的增长,微地震监测已经成为地球物理界一种常用的技术。微地震是一种适用于裂缝成像的地球物理技术,过去 10 年该项技术的发展速度是显而易见的。这主要体现在大量增加的相关专题研讨会和各种出版物中相关论文的数量上,包括《前缘》(The Leading Edge)、《地球物理》(Geophysics)杂志,以及 SEG 年会论文集中的专题论文。

微地震技术的快速发展还体现在各种工程及地质会议上经常讨论这一技术。在推动非常规油气资源开发时,油气公司投资者的报告中也会提到该技术。微地震快速发展的动力一直来源于储层改造工程师们的需求——能够追踪水力压裂裂缝的生长。事实上,微地震监测在某种程度上可以说是一种很独特的地球物理方法,因为它最初的试验和技术开发都是直接由工程及最终用户推动的。

本书是关于微地震水力压裂裂缝监测的采集设计、质量控制、解释和应用的实用用户指南。本书为微地震水力压裂裂缝成像提供了一项综合的教育资源,并致力于为实施成功的微地震项目提供实用技巧。全书自始至终都强调了数据的局限性和其潜在的缺陷。

本书首先描述了由各种活动诱发微地震的研究历史,特别介绍了在地热和油气藏改造中的水力压裂诱发的微地震;还介绍了微地震的技术演变和数据的工程应用,包括与水力压裂有关的相关环境问题的讨论。由于对地球物理学家来说水力压裂并非常用技术,本书概述了压裂的基础知识。然后对微地震采集进行了综述,包括观测系统设计和基本处理。特别介绍了为获得可靠微地震成果而采取的质量控制措施。接着介绍了水力压裂的地质力学和微地震震源理论,从而解释了微震的产生。最后介绍了微地震资料解释准则,并对压裂工程应用进行了讨论。附录介绍了有关微地震可交付成果和报告方面的建议,同时介绍了启动某个项目所需的资料清单。

目 录

Contents

第一章 绪 言

随着 2000 年前后对美国得克萨斯州 Fort Worth 盆地巴奈特（Barnett）页岩气经济开采的成功，所谓的"页岩气之风"（Shale Gale）横扫北美及全球，将人们的注意力转移到了页岩和致密地层开发上。过去 10 年，这些非常规资源的开发在北美取得了令人难以置信的成功，改变了美国的能源格局。由此产生的石油生产加速首先显著影响了天然气市场，最近影响到整个石油市场。沿水平井段进行多次大型水力压裂施工已经成为打开非常规储层、促进压裂液流动并在非渗透性岩石内建立水力传导通道的关键。非常规资源开发对经济的影响是革命性的。尽管在石油和天然气作业的区域已经进行了开发，但公众对于安全，特别是对水力压裂作业方面安全的关注显著提升。同时，也有与页岩气有关的正面新闻，丰富廉价的页岩气鼓励美国电厂使用天然气发电来代替煤炭，从而降低美国的二氧化碳总排放量。最重要的是水力压裂的广泛应用产生了优化改造措施的技术需求，这种需求将微地震监测从一种专门技术提升为非常规页岩气开发的关键作业程序。

微地震监测涉及微地震或声波发射的被动地震采集。微地震被定义为小震级地震，也指微地震事件或微地震活动。微地震这一术语偶尔与微地震事件的含义相同，但也曾被正式定义为由几赫兹频带的海浪产生的背景噪声。

微地震事件与天然产生的或人工诱发的裂缝运动有关。裂缝活动会导致非弹性地质力学裂缝形变并从源点向外传播弹性波。微地震形变是一种与水力压裂有关的地质力学应变成分。由于微地震与人工改造裂缝的对应关系，使其可以对裂缝生长提供唯一的解释。通常情况下，被动地震记录用来检测微地震事件并估计震源的位置和属性，采用的地震处理方法类似于构造地震所采用的方法。

通常情况下，根据地震等级大小测量的震源强度来区分微地震与大地震。美国地质调查局（USGS）将微地震定性为震级小于 3 级，即能够感觉到但不太可能导致损害的程度。实际上，微地震活动往往不到 0 级，最大事件不仅感觉不到，而且对地面检测都会成为一种挑战。像天然地震一样，微地震遵循相同的频度—震级指数关系，即每减小 1 个震级单位，事件数会有大约数十倍到成百倍的增加。因此，尽管大地震是罕见的，微地震却是数量众多而且无处不在的。

第一节 微地震应用史

微地震可通过各种人类活动产生，包括能改变岩石应力状态或孔隙压力的某些工业活动（McGarr 等，2002）。这些地质力学变化可以导致新裂缝的形成或已存在裂缝的形变。根据裂缝形变的具体细节，这些变化可能导致微地震的产生。在极少数情况下，诱发的微地震可能大到足以造成潜在的破坏性。若不考虑震级因素，诱发地震活动确实有助于我们深入了解触发岩石破裂的地质力学过程。

一、采矿诱发的地震活动

20 世纪初，采矿工程师们开始探测与采矿作业有关的地震活动。Gibowicz 和 Kijko（1994）对采矿地震活动进行了广泛的讨论。地下巷道周围的应力变化可能导致已存在裂缝产生滑移。在某些情况下，这些变化增加了坑道壁的岩石应力，可能导致矿山巷道发生岩爆。

这些诱发地震或岩爆的危害给矿工们造成了重大安全风险。这种风险的存在导致人们进行地震调查，包括进行地质力学预测等。全球许多矿区都存在岩爆问题，这个问题在南非的深层金矿格外显著（Gibowicz 和 Kijko，1994）。南非已知采矿诱发的最大地震为 5 级。岩爆导致的安全问题促使人们开发了采矿诱发地震活动监测系统。这些系统能够帮助工程师们认识该问题，并为在矿区什么位置部署救援队提供信息。

除了检测大级别地震活动外，在井巷内使用地下传感器来提高监测系统灵敏度，可以检测出更多微弱的微地震。微地震活动为矿山提供了应力和地质力学方面的信息，有助于识别断层和破坏机理（Young 等，1992）。与地下工程有关的地震活动研究已发展成为一种地质应用技术，用于调查巷道周围的裂缝，包括用于地下核废料储存库的监测（Collins 和 Young，2000）。

二、流体诱发的地震活动

流体也可诱发地震，例如，与水坝大量地表水蓄积或者与地下流体注入有关的活动可诱发地震。在水坝建成后，水库充水时超负荷的地表质量和过大的孔隙压力可能诱发地震活动（Simpson，1976）。例如，1967 年，在印度向一个水库储水时诱发了 6.3 级地震。流体注入也可能诱发地震，20 世纪 60 年代，由于落基山 Arsenal 的废液注入，在丹佛首次诱发了 4.8 级地震（Healey 等，1968）。人们对丹佛地震的科学兴趣促使其进行了地震防治范围试验，成功地表明地震活动可以通过注入流体的启动和停止来控制（Raleigh 等，1976）。

三、流体注入的微地震监测

对水力压裂改造等流体采出和注入产生微地震进行监测的先进技术始于 20 世纪 70 年代，作为对增强型地热系统（EGS）的监测技术而发展起来。注入流体形成裂缝网络，促进液体循环和供热，从而获得地下地热能（关于增强型地热系统项目的全面回顾，见 Evans 等，1999）。微地震监测一般包括部署地震检波器，检测并记录地震信号。地震信号经处理，用于确定信号源位置及有关的其他属性。在已知时间内产生的微地震事件的集合（在此称为一幅"微震图像"）可以用来解释与 EGS 改造有关的裂缝网络的扩展和生长情况。利用微震图像对改造裂缝系统提供钻井目标，确保良好的井间连通性。

因此，微地震监测是一种功能强大的裂缝成像工具。目前，它是唯一能够对改造裂缝的几何形态进行描述的技术。EGS 的微地震监测使用两种方式：一种类似于区域地震监测的基于地面地震网络的方法；有时也使用灵敏的井下传感器进行监测。井下传感器与微地震目标源区更接近，能够提高记录小级别微地震事件。

井下阵列（Maxwell 等，2010b）和地面阵列（Duncan 和 Eisner，2010）用来记录各种石油和天然气作业中的微地震事件。微地震监测用于观察与储层压实、开采，以及与注入蒸汽、水或天然气等二次开采有关的裂缝或断裂。微地震还可用来监测油气工业之外的废料处理的注入情况。

迄今为止，在油气行业内最常见也是最重要的应用是水力压裂监测，这是本书的重点。现已证明（King，2010），水力压裂施工的微震图像对于裂缝方位和分布范围的成像是非常宝贵的。微地震还可以为简单的水力压裂裂缝或组成多个连通裂缝段的复杂裂缝网的形成提供细节描绘。可以使用微地震资料解释裂缝几何结构、控制工作流程并优化水力压裂作业。

第二节　微震水力裂缝成像史

一、早期试验

20 世纪 60 年代末和 70 年代初，研究人员开始讨论水力压裂裂缝微地震监测的潜在优势。早期的试验主要是用单个传感器采集，用于证明微地震事件的存在并确定信号特征。后来逐渐开始用传感器网络对微地震的震源进行精确定位，这促成了 1974 年 Pinedale 油田第一个水力压裂裂缝微震成像案例的发表（Power 等，1976）（图 1-1）。

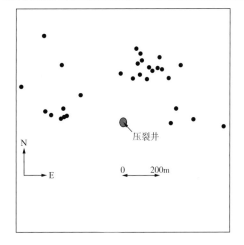

微地震监测在 EGS 的应用开始于 20 世纪 70 年代的热干岩项目。人们认为，最早公布的井下微地震监测案例来自于美国新墨西哥州的一个与地热能有关的水力压裂项目（Albright 和 Hanold，1976）。在证明"增强型地热系统"基本概念的试验中，广泛使用微地震监测水力压裂裂缝的生长，并识别改造裂缝系统用于目标井的钻探部署。随着采集和处理方法的不断进步，与注入作业有关的地震活动成像更加准确。这种趋势延续至今，在许多 EGS 中继续用微地震监测刻画改造效果（Evans 等，1999）。

图 1-1　1974 年于怀俄明 Pinedale 油气田记录的第一个已知的微地震水力压裂裂缝平面图

据 Power 等，1976，图 13，版权归 SPE 所有，经 SPE 许可转载

20 世纪 80 年代和 90 年代开始了对油气井微地震水力压裂成像的精确应用。1983 年至 1996 年，在美国科罗拉多州 Piceance 盆地 M 矿场进行了一系列试验，旨在通过钻穿微地震云并识别采集的岩心中的裂缝来验证水力压裂裂缝的微震成像（Warpinski 等，1998）。在

这些试验之后，在得克萨斯州东部的棉花谷砂岩中又进行了广泛的研究（Rutledge 等，2004；Walker，1997）。这一系列的试验成功地证明，微地震数据可以采集并通过处理产生水力压裂裂缝图像（图1-2）。

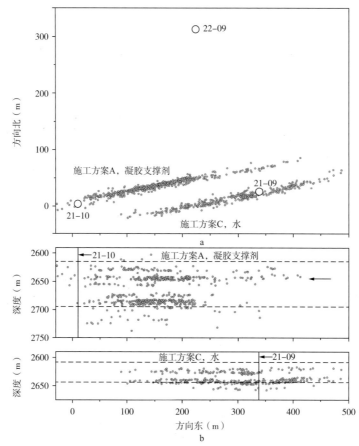

图1-2　1997年棉花谷砂岩中两口直井水力压裂改造的平面图（a）和剖面图（b）

图b用水平虚线显示了射孔深度段。可以使用微地震事件云解释施工井中的裂缝方位、长度和高度［据 Rutledge 等，2004，图2，由美国地震学会（www.seismosoc.org）特许转载］

二、商业水力裂缝成像

继棉花谷试验之后，就棉花谷砂岩启动了商用微地震成图服务（Maxwell 等，2000），紧接着对巴奈特页岩进行了第一次微震成像处理（Maxwell 等，2002）。巴奈特页岩的微震图像（图1-3）显著改变了完井工程师们对水力压裂裂缝的看法（Mayerhofer 等，2006）。以前，人们认为大多数水力压裂裂缝具有简单的平面特征，但是，通过巴奈特页岩的微地震监测认为存在更加复杂的裂缝网络（图1-4）。

微地震定位精度一直无法分辨简单平面水力压裂裂缝的较窄（几毫米）宽度，但能够分辨相对较宽的复杂裂缝网络。

由于存在多种含义的微地震复杂裂缝网络的证据，出现了一种工程模式的转变。业内

004

设计专门用来模拟平面裂缝的软件包已经非常普遍，而且这些软件包可以根据微地震定位结果的分布对裂缝高度和长度进行确认。但对于更加复杂的裂缝几何形状，这些裂缝模型并不适用。工程师们开始推导产量和根据微地震云的范围确定的储层改造体积（SRV）之间的经验关系式，而不是使用现有软件对裂缝几何形态的正演模型进行校正。直观地看，较大的储层改造体积与更大范围的裂缝网络和增加的产量相关。对于特定储层，可以观察到微地震反映的改造体积与之后的井产量之间存在正相关关系。

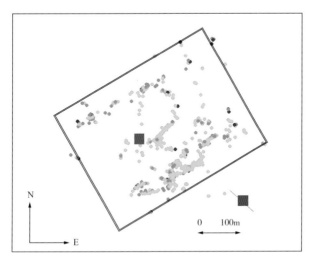

图 1-3 2000 年监测到的巴奈特页岩内一条水力压裂裂缝的平面图

红色方块表示作业井，蓝色方块表示监测井。微地震符号的颜色表示不同瞬时震级（圆圈）（浅绿色震级小于-1.9，橙色震级在-1.9 到-1.5 之间，红色圆圈震级大于-1.5）。灰色框代表地震活跃区范围。此明显裂缝与图 1-2 显示的相对简单的裂缝形成对比（据 Maxwell 等，2002，版权归 SPE 所有，经 SPE 许可转载）

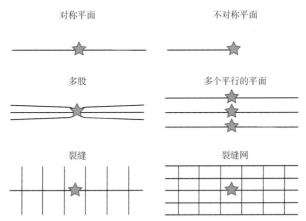

图 1-4 一口水平井从简单平面裂缝到复杂裂缝网的各种水力压裂裂缝的几何结构简图

对改造体积的研究发现：非常规油气藏的改造过程中裂缝往往很复杂，这也是裂缝网络积极的一面，因为储层的接触面积提高了（以后的章节将进一步描述和讨论如何测量）。因此，当非常规页岩气开发在北美不断扩大并在后来扩展到全世界时，微地震裂缝成像成了一种可行且重要的商业服务。

第三节　水力压裂中微地震的作用

一、非常规油气田评价

最近对非常规油气藏的开发（地下水保护委员会，2009），特别是对页岩和非渗透性致密岩石中的天然气和石油的开发，已经证明在技术上是可行的。随着这一以往从未开发的非常规资源的大量开采，从根本上改变了能源格局。有效开发某一常规油气藏要求对内部连通孔隙空间进行研究和描述。然而，非常规油气藏在本质上是非渗透性的，在裂缝、微裂缝和微孔隙中含有彼此孤立的烃类物质。因此，对非常规油气藏进行评价不仅要求对有利的油气藏进行描述，而且还要评估能否经济有效地使用水力压裂技术，形成用来从井眼中开采这些孤立烃类的表面积和渗流通道。对非常规油气田进行评价一般遵循以下基本步骤：

（1）识别一个有潜力的含油气储层。

（2）通过垂直导眼井水力压裂对储层进行评估。

（3）使用沿井眼长度方向延伸的多条水力压裂裂缝评价水平钻井的可行性。

（4）使用单一钻探平台钻探多口水平井来优化商业性开发。

（5）进行大规模油气田开发。

评价和开发阶段都需要通过有效水力压裂裂缝来连通油气藏，还需要许多专有技术用于检测作业井周围的水力压裂裂缝（King，2010），包括示踪剂、分布式温度或声学测量，以及声波测井等。然而，只有测斜仪或微地震监测能实现远场裂缝几何形态的成像。测斜仪对水力压裂裂缝周围的微小岩石形变作出响应，可以用于解释裂缝方位（Wright 等，1997），但不能检测裂缝生长、尺寸和复杂程度细节。时移 VSP（Willis 等，2012）、井间地震和反射地震（Grossman 等，2013）都不能分辨水力裂缝的几何形态。因此，要了解油气藏内水力压裂裂缝如何发展，微地震监测是获得基本情况的关键技术。这种知识可以提升非常规储层评价每个阶段的改造工程设计。

工程师们在评价水力压裂改造的钻完井计划时需要思考诸多基本问题。其中包括：

（1）什么是主裂缝方向？

（2）裂缝要向上和向下纵向生长多少？水力压裂裂缝能终止并保留在某一特定层中吗？

（3）裂缝会生长到离井多远？

（4）裂缝会向井的各个方向对称生长吗？

（5）会形成简单平面裂缝、多条密集裂缝还是会形成一个方向不同的多个部分组成的复杂裂缝网络？

（6）最佳注入液量、流量和压力是多少？

（7）最佳井身结构是什么？

（8）应采用多少个压裂段？

（9）每段需要多少个裂缝起裂点（即套管射孔点），布设在哪里？

（10）是否存在可影响压裂造缝的已有裂隙带或断层？

（11）油气藏在纵横向上是否均匀和各向同性？

（12）是否有要避开的水或酸气区？

（13）钻水平井段的最佳深度是多少？

（14）最佳井间距是多少？

可以通过对微地震资料进行解释来直接回答许多问题，与其他资料联合可以回答剩下的问题（Cipolla 等，2012）。事实上，微地震成像的快速发展正是由于压裂工程师们能够用地球物理结果直接回答这些问题。

二、微地震成像的压裂工程应用

对水力压裂裂缝的生长、方位和面积进行微地震成像，出现了若干截然不同的压裂工程应用（Cipolla 等，2011）。在沿水平井方向进行多段水力压裂时，可以使用微地震确定破裂形状是否均匀并覆盖整个水平井井段，这些应用技术需求更旺盛（图 1-5）。可以使用微地震实时检测裂缝是否切割某个断层或延伸到了设计区域之外。这两种情况对水力压裂的成功都是有害的，所以往往使用实时微地震来修改甚至终止注入程序。

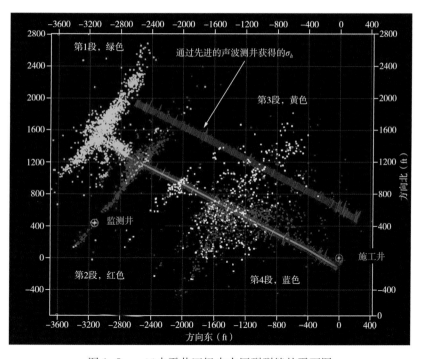

图 1-5　一口水平井四级水力压裂裂缝的平面图

每个压裂段都使用彩色编码。注意该井带微地震活动狭窄通道的一端绿色和红色压裂段之间的变化，与重叠的蓝色和黄色压裂段形成了鲜明对比，同时证明了一种更具扩散性的模式，表明与已存在裂缝相互作用形成了复杂的压裂缝网（据 Rich 和 Ammerman 等，2010，图 3，SPE 版权所有，经 SPE 许可转载）

显然，微地震裂缝几何形状往往用于压裂后评价，包括对比不同注入或完井策略获得的裂缝几何结构。一个简单的例子是使用某口井内最后压裂段的微震图像确定要射孔和压裂的下一个井段。最后，还可以使用微地震估计与井内裂缝有关的改造体积，并确定相邻井的间距。从根本上讲，水力压裂设计是为了优化井的产量。微地震为评价压裂的有效性提供了独特的信息，有时与井的生产动态结合或配合生产测井还可以测量沿水平井长度方向的流体流动贡献率。

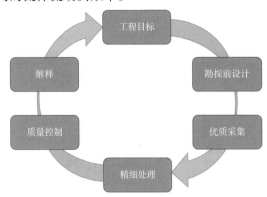

图 1-6　某有效的微地震项目的工作流程图

从工程目标的定义出发，理想的监测成果包括用于提高后续水力压裂作业的工程建议

微地震项目的目标不是开展一项地球物理调查工作，而是用于优化压裂工程的手段，记住这一点非常重要。因此，一个微地震项目要想获得成功，必须采取以下关键步骤（图 1-6）：

（1）确定工程目标；

（2）进行采集前设计；

（3）采集；

（4）处理；

（5）质量控制；

（6）解释；

（7）为未来储层改造做出工程决策和建议。

第四节　水力压裂的环境影响

一、浅含水层污染

过去几年，公众对水力压裂作业变得非常关注，其中两个方面与微地震有内在关系。公众起初关注的重点似乎与压裂可能延伸到浅部含水层有关。国际能源协会介绍了水力压裂可能污染含水层的 3 种不同方式：地表溢流、套管破裂，以及从储层生长到含水层的水力压裂裂缝（国际能源署，2012）。对后者的研究可以通过考虑各种微地震项目构成的大型数据库所揭示的水力压裂裂缝顶底界来实现。众所周知，当遇到地质基底或水平分层岩层时，水力压裂裂缝和天然裂缝的高度受到控制。对各种微地震项目进行的研究表明（图 1-7），水力压裂过程中裂缝相对纵向生长在 1200ft 以内（Maxwell，2011；Fisher 和 Warpinski，2012）。因此，对于大多数储层深度大于 4000ft 的水力压裂作业，含水层往往会被很好地隔离在水力压裂裂缝的上方使其免受污染。但是，当存在相对较浅的储层或相对较深的含水层时，压裂作业需要谨慎。

二、水力压裂诱发的地震活动

水力压裂可能引发地震也引起了公众的关注。如上所述，在某些情况下，注入活动与诱发地震活动有一定关联。美国国家研究委员会（2012）对该话题进行了广泛的讨论。注入诱发地震活动的力学机制是众所周知的：注水引起的孔隙压力增大可能导致整个已存在断层的有效应力降低，从而降低滑动摩阻。如果断层上的剪切应力足够高，并存在足够大的滑动断面，就可能发生地震。

区分诱发地震活动（即没有注入流体则不会发生的地震活动）和触发地震活动（即地

震活动本来将会自然发生，注入流体加快了地震活动出现的时间）很有用。如果有某个断层接近破裂，只需要相对较少的压力变化就会触发地震活动，所以区分诱发地震活动与触发地震活动很重要。由于非常规油气藏开发的扩张，使石油和天然气作业进入了新的区域。其中一些地区的构造地震风险增高，如美国大陆中部的新马德里地震带附近。即使在地震发生频率低的区域，因为天然地震与人类活动可能碰巧在同一时间发生（Davis 和 Frohlich，1993），两者之间也难以建立明确的因果关系。

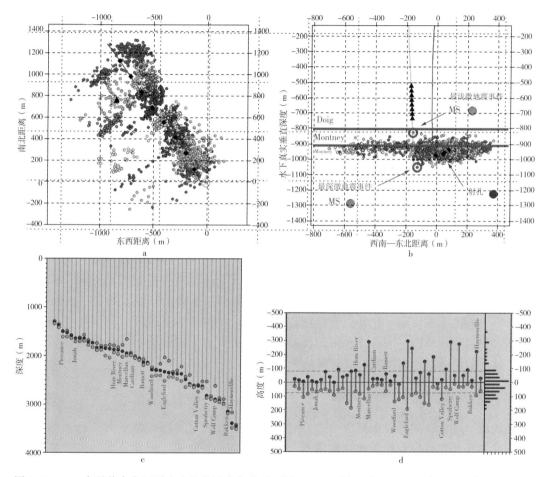

图1-7　一口水平井水力压裂改造的微震成像的平面图（a）和剖面图（b）。图中显示了射孔深度及最深和最浅的微地震事件。c 图为北美各种油气藏的射孔深度图（红色）以及最浅（绿色）和最深（橙色）微地震事件。d 图显示的是裂缝相对于 c 图显示数据对应的射孔深度向上和向下生长的情况，右侧为综合分布直方图

一般认为，任何诱发地震活动的级别都与总流量成正比（McGarr，1976）。在水力压裂的情况下，注入体积一般较小，注入时间也相对短暂。尽管每年进行数以万计的压裂活动，但仅几个地震活动案例报道与水力压裂有关。其中包括发生在美国俄克拉荷马州（Holland，2011）、英国 Blackpool（de Pater 和 Baisch，2011）和加拿大 Horn River 盆地（BCOGC，2012）的案例。

此外，水力压裂的增加已经导致更多的产出流体必须接受安全处置。废液处置一般涉及更长时间内注入更大量的液体，而这又可能伴随较高的地震风险（美国国家研究委员会，2012）。尽管只有个别孤立案例显示压裂可能诱发地震活动，但有两个事实是清楚的。首先，相对于每年进行的数以万计的水力压裂作业来说，这些少数案例是罕见的。其次，地震事件几乎感觉不到，而且仅在作业区附近的有限区域有上报（BCOGC，2012）。目前还未发现与压裂诱发地震活动有关的灾害（美国国家研究委员会，2012）。

最近在法国 Soultz-sous-Forêts、瑞士 Basel，以及加利福尼亚 Geysers 的增强型地热系统项目中，诱发地震活动也引发灾害（Majer 等，2007）。已经制订了一系列协议，试图降低与 EGS 有关的风险，包括开发一套预警用地震"红绿灯"系统，旨在检测到一定震级的诱发地震活动发生时，对作业管理发出警告信息（Bommer 等，2006）。

第五节　挑战和技术演变

一、业界沟通与交流

微地震在业界具有显著的吸引力和实用性，尤其是在水力压裂过程中更为明显。然而，该技术的广泛快速扩张也带来了挑战。微地震是一种将压裂工程师作为普通用户的地球物理技术。正如油气工业的其他领域一样，这会给两个学科之间的沟通带来挑战。作业公司的工程师们往往开始只对技术提出要求，他们依靠地球物理工作者进行科学研究、选择供应商、确定如何采集和处理资料，以及为保证结果准确进行质量控制等。然而，微地震对于许多地球物理工作者来说是一种新技术，所以需要经过必要的培训获得技术经验，并且了解各种工程挑战和应用。此外，地球物理工作者往往将诸如灵敏度和分辨率等问题看得很重要，他们使用精度、准确性和多解性等术语，而压裂工程师们想要确保结果正确，以便基于这些信息进行工程决策时有足够的把握。

二、岩石物理学和地质力学

微地震活动面临的另一个挑战是人们对地下岩层的岩石物理和地质力学性质的认识有限——尤其是如何将观测到的微地震活动与水力压裂联系起来。最初，微地震主要应用于事件定位和相应的裂缝几何形态的解释（有时称为"框中的点"），但是最近则集中在对微地震震源形变的特征描述。水力压裂过程的物理性质与微地震的震源机制一样，一般很好理解。然而，关于压裂和有关形变如何产生微地震信号的细节还没有引起足够的重视，这造成人们对微地震活动和压裂之间的具体关系争论不休。解析微地震与水力压裂裂缝的详细关系非常重要，这样，除了对压裂裂缝定位之外，还可以对水力压裂裂缝的有效性进行微地震评价。为了实现这一目标，需要回答的根本性问题如下：

（1）微地震活动与拉伸破裂对应还是与剪切滑移有关？

（2）利用微地震活动能否确定有效渗流裂缝？

（3）没有微地震活动时破裂会发生吗？

（4）油气产出与微地震活动有什么关系？

三、微地震技术的成熟

微地震仍然是一项相对较新的技术。随着其应用的快速发展，该技术继续面临与其他方法（如四维地震技术）同样的压力。其中可能得到改善的领域是拓展阵列部署，现在阵列已经从井下发展到了地面。人们对开发低噪声、高保真度、宽频带的采集检波器，尤其是开发能够以低成本更广泛地应用于监测的检波器很感兴趣。显然，该技术将会向高密度采集发展，使微地震波场的记录更加全面。改进资料处理和量化处理结果正确性的质量控制，已经开始确定最优实践方法。资料处理还将继续提高信噪比（S/N），还包括采用全波形方法，提高基本定位属性和震源特征描述。

行业的基准测试数据集，尤其是具有已知特性的合成数据，很可能会证明各种处理流程的相对精度和置信度方面的价值。同样，项目可交付成果及格式的标准正在制定，方便所有技术相关方进行交流。改进的解释方法必将得到发展，而且很可能会采用新方法对微地震震源进行预测或正演模拟。显然，这里无法列出微地震技术的所有潜在的改进，而这里列出的内容也必将为技术发展所超越。毫无疑问，随着微地震技术的成熟，某些方面还明显存在可以改进的空间。尽管如此，微地震监测在非常规油气藏的经济开发方面已经成为一项现实可行的技术。

第二章 水力压裂概述

水力压裂施工的目的是提高单井产量，通过注入高压流体改造裂缝网络，以提高渗透率和产量（Montgomery 和 Smith，2010）。首次水力压裂于 1947 年在美国堪萨斯州的 Hugoton 油田实施。自此之后，技术进步已将该工艺转变为大多数北美油气井完井作业的常规操作。现代储层改造可能使用数万马力高速注入数千立方米的流体（一百万加仑以上）。根据总注入量计算，单次水力压裂改造费用可能在 10000 美元到数百万美元之间。预计目前全世界的商业压裂市场每年的费用接近 300 亿美元——主要在北美，而且主要为非常规油气藏的压裂井。许多现代井都采用水平钻进，一般采用沿井身长度方向的不同位置进行 15~30 段压裂，在某些情况下可以达 60 段压裂。

第一节 水力压裂的原理

当注入压力超过岩石最小主应力时，就会产生水力压裂裂缝，致使岩石在张力下破裂（Smith 和 Shlyapobersky，2000）。岩石内部压力超过使岩石挤在一起的应力组合及岩石的抗拉强度，从而形成了从井眼开始蔓延的张裂缝或压裂裂缝（图 2-1）。裂缝会沿最小主应力的正交方向扩展，最小主应力方向是均匀岩石最容易破裂和张开的方向。随着更多流体的注入，裂缝继续加宽，并从井眼向外生长（Daniel 和 White，1980）。通常情况下，会向注入流体中加入砂子或陶粒支撑剂，以便在注入后保持裂缝张开（Vincent，2009）。在注入的最后阶段，使用干净的流体冲洗井眼。通常情况下，让流体从裂缝回流，以便回收压裂液。然而，最初回收的压裂液往往不到一半，其余压裂液散失在裂缝或岩石基质中了。

一个重要但经常被忽视的问题是：丢失的流体去哪里了？一种可能是，过量的流体留在了水力压裂裂缝网络中，有可能会阻断后面的油气流。另一种可能是，黏土矿物吸收了过量的流体，致使黏土膨胀影响了裂缝宽度。如果黏土膨胀有助于形成保持裂缝张开的裂缝面形态，那么黏土膨胀有益。黏土膨胀也可能通过部分阻塞裂缝而阻碍流动。然而，对流体发生了什么作用，以及它是有利于流体流动还是阻碍流体流动，目前都还没有很好的解释。

一、物理过程

在裂缝内部和裂缝周围存在许多互相联系的物理过程（Smith 和 Shlyapobersky，2000），这些过程最终控制了水力压裂裂缝的生长情况（图 2-2）。

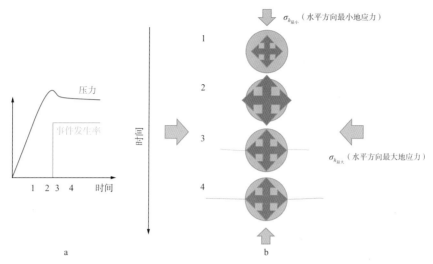

图 2-1　a 为与增压注入相伴的注入压力和事件发生率关系示意图；b 是顺序的四次
井眼压力（红色箭头与压力成比例）与远场应力场的关系（绿色箭头与应力成正比）

1—较大流量前的初期压力；2—增大流量前的最大破裂压力；3—压力超过抗拉强度，张裂缝形成，使流体流入储
层；4—继续注入流体，使裂缝生长并张开

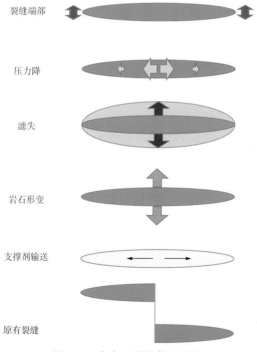

图 2-2　水力压裂的物理过程

在裂缝端部，来自水力压裂裂缝的诱导应力形成了一个张应力区。从注入点沿裂缝出现了压力降。发生了液体滤失，
流体从加压裂缝进入围岩。围岩移动以容纳膨胀的裂缝时出现岩石形变。压裂液沿裂缝流动，实现了支撑剂的输送。
原有裂缝和水力压裂裂缝的相互作用可能形成死弯

1. 裂缝端部过程带

应力集中在裂缝端部，从而产生了导致裂缝向外生长的局部张应力条件。

2. 裂缝压力降

注入流体使裂缝扩大，并以变速在摩擦力存在的情况下沿裂缝流动，沿裂缝长度方向形成压力降。

3. 流体滤失

裂缝内局部压力增高，导致压裂液通过裂缝壁滤失到岩石孔隙和裂缝中，这取决于岩石的渗透性。裂缝或泥浆效率定义为裂缝体积与泵注液体体积的比值。

4. 岩石形变

当有限宽度的裂缝产生时，周围岩石为了容纳裂缝体积打开而产生应变，形成一个弹性形变带。

5. 支撑剂的输送

支撑剂的移动受控于泥浆的流体动力性质——尤其是黏性，以及支撑剂的颗粒大小和密度。

6. 与原生裂缝的相互作用

如果水力压裂裂缝与力学性质的弱点区域相交，根据力学性质的不同，裂缝可能沿力学性质薄弱区域生长或穿过该区域。如果水力压裂裂缝沿裂纹生长，最终会形成新的水力压裂裂缝。微地震形变通常与原生裂缝形变相伴。

二、水力压裂裂缝传播模型

这些力学效应可以使用一个水力压裂裂缝传播模型模拟。已经有许多具有不同复杂度的模型（Mack 和 Warpinski，2000）。最基本的是一种简化的、针对裂缝生长的封闭形式的方案，前面所述的物理因子相互独立，不需考虑各个因素之间的相互作用。例如，裂缝宽度控制沿裂缝的压力分布，这反过来又控制流体滤失进入地层。另外，有许多更为复杂的模型，用于处理特殊相互作用或各个过程之间的耦合关系。对裂缝进行模拟既可以使用简化的二维模型，也可以用更复杂的全三维模型。

最后，水力压裂裂缝和原生裂缝之间的相互作用，以及有关的地质力学形变又是另一层面的复杂度，并且与非常规油气藏的水力压裂过程中的微地震和可能产生的裂缝复杂度有关。所采用模型的类型取决于模拟工作的目的和特定现场的复杂性。所有类型的模型往往模拟注入流体的物质平衡，并试图与观测注入压力匹配。物质平衡在概念上确保了裂缝网络空间能够容纳净注入流体的体积，即

$$V_{裂缝} = V_{总注入} - V_{滤失} \tag{2-1}$$

式中，$V_{裂缝}$ 为进入裂缝的压裂液体积；$V_{总注入}$ 为水力压裂注入的总压裂液体积；$V_{滤失}$ 为滤失到地层中的压裂液体积。

通常情况下，模拟过程试图预测水力压裂裂缝的几何结构，包括裂缝宽度描述和有关支撑剂分布的情况。

第二节 压 裂 材 料

在水力压裂改造过程中所使用的流体首先旨在使岩石破裂，然后在通过裂缝输送支撑剂的同时将裂缝面分开（Gulbis 和 Hodge，2000）。流体不与地层发生破坏性的化学反应同样重要。一种例外情况是经常用于碳酸盐岩中、帮助溶解岩石形成裂缝的酸化压裂。在处理和注入过程中，流体还必须是环保的（尽管这很重要，但是压裂液的化学成分不在本书介绍范围内）。

主要注入流体的选择取决于需要的黏度。较高黏度的流体能够提供更好的流体动力学性质来输送支撑剂并控制液体从压裂裂缝到油气藏的滤失。大多数压裂液都是水基压裂液。向水中加入一种聚合物，即瓜尔胶或瓜尔胶衍生物（瓜尔豆也是一种食物增稠剂），形成黏稠的或线性的凝胶剂。交联凝胶剂黏性更强，因为聚合物链是由化学键连接的。为了在压裂后降低黏度返排并清洁裂缝，可以通过升温、改变 pH 值或者加入一种能够参加反应的特殊化学物质打破聚合物链。

在巴奈特页岩中，人们发现，使用水而非凝胶进行压裂能够改善井的性能。相信这与水能够更好地清洗裂缝并形成更复杂的水力压裂裂缝有关。巴奈特型大规模注水通过加入少量降摩阻剂实现高速注入，形成所谓的滑溜水造缝。

有时候将超临界状态的二氧化碳或氮气加入压裂液，以便形成泡沫状（增能）压裂液。该构想是：当注射压力降低时，气体将会膨胀——类似于软饮料。膨胀气体通过将压裂液推回到井眼有助于清洁裂缝。有时候使用油基压裂液或丙烷。

通常情况下，在储层改造初期打入前置液，其目的是破坏岩石，然后使产生的裂缝膨胀，产生足够的裂缝宽度。注入后期向注入流体中添加支撑剂，以便在停泵后保持裂缝开启，然后随着压力下降，裂缝会部分闭合。通常情况下，就像建筑施工分选沙子一样根据滤网尺寸来选择支撑剂。通常使用干净的沙子，有时加入树脂覆膜，以避免在裂缝闭合时在应力作用下砂粒破碎。有时也使用高强度的陶粒，尤其是当岩石处于高应力条件下时（Vincent，2009）。这些陶粒形状一致，可以提高裂缝的水力传导性。

第三节 野 外 作 业

水力压裂作业（Brown 等，2000）通常在钻井完成之后不久进行，并且通常使用移动压裂车队。目前采取的许多水力压裂改造会注入大量的水（有时会达到百万加仑的量级），因此准备阶段总是先运送蓄水罐到井场。有时使用临时蓄水池或管道输送压裂液。通常情况下，在设备安装之前要将支撑剂送到井场。一般在注入施工开始前一天，将水力压裂设备送到现场，将压裂管线连接到作业井口。在注入之前，制定压裂计划或注入进度表，确定注入的各个阶段——包括流量、添加剂与支撑剂含量、总液量和泵送持续时间等。

图 2-3 是现代水力压裂作业的照片。储水罐和化学添加剂装置用水压管线连接到了搅拌器。搅拌器也连接了支撑剂储存罐。将流体、化学剂和支撑剂按照规定浓度混合形成水力压裂泥浆。泥浆通过管汇与各台泵的高压流体泵送注入单根水压管线，然后再送到井口。

通常情况下要使用十几台或更多的泵车，通常每台泵的功率为1500~2000bhp（制动马力）。为便于比较，一辆赛车的功率大约为700bhp。根据压裂设计，还可能向管线中加入二氧化碳或氮气。最后，加压泥浆，注入井中。井口操作应考虑事项的细节和变化不在本书讨论范围之内。

图2-3　水力压裂作业现场照片
经斯伦贝谢公司允许翻印

压裂车是整个作业的控制中心。在压裂车中，压裂作业主管需紧盯井口和所有操作压裂设备人员。主管负责注入的实施，以及作业的安全性和完整性，压裂设备操作人员监控注入液量、压力和流量的实时数据。

在水力压裂完成后，要么关井测量压降，要么返排清洗裂缝。很多情况下，同一平台会钻多口井，井口装置非常密集。为了充分利用压裂设备，可能会马上转换到邻井压裂。一旦压裂作业完成，马上拆除设备并搬出井场。将作业井连接到本地管线，输送产出的油气，或安装适当的设备，分离并暂时储存各种产出成分（如天然气、石油和水）。

第四节　注　入　监　控

在油气藏改造期间，压力、流量、砂比和总液量（Gulrajani和Nolte，2000）处于监测监视之中，并被打上精确的时标来标注时间，以便与微地震资料集成综合分析。通常这些参数都要按压裂方案预先确定，尽管如果注入过程中出现了作业问题，这些参数可能会调整。在地面上测得的注入压力要确保流体压力不超过水压管线、井口或井眼强度的压力，是人们特别关心的重要安全信息。所测得压力也是主要的诊断依据，可用于解释裂缝生长的某些方面。下文描述了一条典型压力曲线（图2-4）的特点，随后对诊断压力趋势进行了讨论。

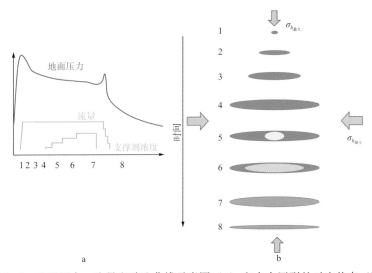

图2-4　地面压力、流量和砂比曲线示意图（a）和水力压裂的对应状态（b）

1—岩石破裂/裂缝产生；2~4—裂缝生长；5—支撑剂开始注入时在裂缝中的浓度；6—继续注入支撑剂到更高的浓度；7—支撑剂充填裂缝时端部脱砂；8—注入完成后裂缝闭合

压裂作业通常从做测试压裂开始，在试验中，将压力一直升高，直至到达流量快速增加的压力分离起始点。此破裂压力表示压力超过最小主应力开始形成张性破裂时岩石的抗拉强度。事实上，这种水力压裂现象是测量最小主应力大小的一种方法。破裂压力可能变化很大，并会受到岩石抗拉强度、邻井应力集中、应力结构、已有天然裂缝、完井类型和射孔程序的影响。通常情况下，岩石破裂之后，会观察到压力下降。在前置液打入阶段、加入支撑剂之前，已经出现了这种压力降低。本书介绍了砂比的上升曲线，为了使支撑剂在裂缝内均匀分布，砂比逐渐递增。在支撑剂加注阶段结束时，裂缝充满支撑剂并随着支撑剂返回井眼开始脱砂，压力可能升高。当支撑剂到达水力裂缝端部会发生端部脱砂，导致压力增高——虽然如果没有足够含量支撑剂注入地层，有时候脱砂可能提前。脱砂妨碍或阻止流动，并可能导致压力突然增高。有时可能必须放弃注入，也可能支撑剂充填了井眼，需要清除。

水力压裂结束后，可能需要关井测量压力降（这提供了有关裂缝系统和闭合应力的信息），然后返排净化裂缝。停泵之后，可观察到地面井口压力下降。然后井口压力将与裂缝内的压力平衡，称为瞬时关井压力（ISIP）。随后，井口压力在裂缝压力平衡过程中逐渐下降，压力消耗到了地层内。最后，当地层应力挤压裂缝和支撑剂时，裂缝闭合，水力传导性好的裂缝能够保留下来。也可以通过解释压力记录确定裂缝闭合应力，但是通常这仅限于专门的注入试验（称为小型压裂），这要在主要施工作业之前进行，以便进行原地应力描述。

通过一般压力趋势也可以深入了解水力特性和油气藏的响应方式。注入变化可能引起地面施工压力的变化。由于与流量增高或砂比增大引起泥浆黏度上升有关的摩阻升高，施工压力一般会升高。换句话说，压力变化可能是裂缝力学条件变化的结果——当使岩石破裂逐渐变难时，压力升高；而当使岩石破裂越来越容易时，压力会降低。例如，由于支撑剂堵塞裂缝，如上所述的裂缝脱砂会使施工压力增大。如果裂缝生长没有受到限制，施工压力会随着裂缝的生长而减小。换句话说，裂缝生长遇到障碍时，压力增大。例如，如果裂缝贯穿较高应力层，纵向生长受限。如果裂缝生长进入较低应力区或进入原有裂缝，则会使压力降低。

压力增大也可能是由复杂的裂缝变成多裂缝束或相应瓶颈引起的。压力记录解释往往不明确，但可以与其他信息（例如微地震）结合加以改善。有关压力注入记录解释技术的更多细节，请参阅 Gulragani 和 Nolte（2000）撰写的资料。

第五节　钻完井设计

制定钻井计划一般要先确定相对于预计水力压裂裂缝方位的井的位置与方位，并就井的几何形状设计做出决策，设计井的形态即选择垂直、倾斜或水平方向。通常情况下，水平井的钻进方向垂直于预计水力压裂裂缝方向，以便形成正交或横向裂缝，使油气藏接触面最大化。有时要将井打得平行于水力压裂裂缝的方向，以便产生纵向裂缝，或者根据物流工作的要求以其他角度钻井，如在矿权边界打井。与水力压裂密切相关的钻井的另一个方面是深度的选定或钻水平井的靶点，这取决于储层深度范围内产生和支撑水力压裂裂缝的能力。最后，非常规井的井距也与水力压裂裂缝长度密切相关（将在第七章讨论）。

水力压裂的注入计划开始于完井设计，包含井中计划水力压裂段的数量和位置的完井设计。一旦钻井完成，完井作业包括为进行水力压裂和最后的生产做准备（Brown 等，2000）。最后的分段细节取决于完井，最常见的有裸眼完井、套管固井并射孔、带滑套套管未固井。顾名思义，裸眼完井注入时井眼与地层之间无隔离。水力压裂裂缝往往顺着原生裂缝开始，注水的目的是使裂缝沿裸眼井长度方向分布。裸眼井压裂是希望沿整个井段形成裂缝，通常是单级压裂。

桥塞射孔连作完井是最常见的经典完井方法，涉及对已固套管井射孔。桥塞射孔连作完井有时称为受限入口，因为水力压裂开始于通过射孔点注水（图2-5）。对于每一段，一般沿井眼以一定间隔排列有许多射孔簇，每个射孔簇在某一井段有一定数量的射孔枪（射孔弹密度）。射孔也设计成按照特定的相对角度射穿套管，即射孔弹相位分布（通常为60°、90°或120°相位，分别包括6颗、4颗或3颗射孔弹，分布在井截面的四周）。在每级压裂完成后，下入桥塞隔离之前的射孔段，并用新的射孔弹进行下一段的射孔。

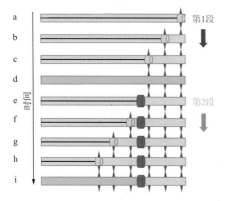

图2-5　桥塞射孔连作完井的两个压裂段工序
a~c—射孔枪激发产生射孔簇；d—水力压裂施工；e—第一阶段打桥塞；f~h—重复射孔以及第2阶段水力压裂施工

滑套完井是在某些井段下入带有外部封隔器的套管，用于隔离目标注入区（Seale 和 Athans，2008）。在封隔器之间有一系列的衬套，通常这些衬套要投球启动（投放一个直径适合特定球座的球）。球座泵送入井，阻塞油管，提高背压，直到滑套打开，露出压裂孔。通过压裂孔注入流体，水力封隔器把注入流体隔离在套管外环空内，水力压裂裂缝沿断面任意位置起裂。不断向井内投入直径越来越大的球，以此启动新的压裂段。由于用比井眼直径更小的油管来注水（图 2-6），一般要限制流量，避免压力过高。滑套通常较为经济适用，不需要向油管、套管或衬管注水泥，也不需要多次下

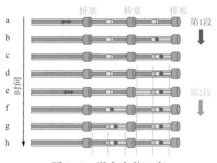

图 2-6　滑套完井工序

a—投球；b—坐封；c—升高背压，打开滑套；d—封隔器之间裸眼井段油气藏通道打开；e—重复投球；f—坐封；g—打开滑套；h—压裂段施工

入电缆桥塞射孔连作完井。滑套还可以使各个阶段之间的作业时间相对较短，节省了压裂作业时间和成本。

第六节　储层改造设计

水力压裂注入计划取决于储层改造设计和水力压裂的目标。储层改造设计主要由以下部分组成：

（1）总注入体积（液量）；

（2）注入速度（流量）；

（3）流体类型（滑溜水、凝胶、增能液）；

（4）支撑剂类型、颗粒大小和浓度。

通常情况下，通过注入进度表描述储层改造注入计划，详细说明包括上述因素和注入阶段的持续时间和体积。描述注入阶段每个步骤的顺序，包括可能进行的预注测试、注前置液、支撑剂阶段、冲洗与返排或关井。

储层改造计划还可能包括一个利用转向装置控制射孔或裂缝起裂点的计划。转向剂可能包括浓缩支撑剂块或类似于纤维添加剂的化学试剂。将转向剂加入泥浆并通过流体的流动送入裂缝，转向剂到达裂缝或射孔点可以暂时阻塞流体流动，增高井眼压力，以便产生新的裂缝。

储层改造计划的细化可以根据以往的经验进行，或者通过水力压裂的数值模拟分析上述因素在形成期望的水力压裂裂缝几何结构方面的作用。对于某一特定项目，可以利用微地震结果验证数值模拟结果，从而使我们对验证后的改造方案代替原注入方案更有信心。

第七节　裂缝成像与诊断

尽管微地震裂缝成像是这项工作的重点，还有其他诊断技术可以用于评价水力压裂。然而，微地震提供了关于裂缝几何形状和生长特点的最详细信息。

一、测斜仪

地面或井下测斜仪对与水力压裂裂缝开启有关的微小岩石应变作出响应,岩石发生应变时,使用极其敏感的传感器记录微小的角度变化。可以使用测斜仪数据推断裂缝几何形状各参数,如高度、长度和方向(Wright 等,1997)。

二、分布式温度或声波测量

通常情况下,使用光纤测量的温度改变和背景噪声可用于研究注入流体或产出液在哪儿进入或离开井眼。它主要是研究哪些射孔正在纳入流体,各压裂段是否彼此隔离(Huck-abee,2009)。

三、示踪剂

可以向压裂液或支撑剂中加入化学药品或放射性示踪剂。然后,在压裂完成后,通过电缆测井或返排水采样确定带有残余示踪剂的支撑剂或压裂液在井眼内的位置。同样地,其主要用途是确定哪些射孔正在吸纳流体、哪些段正在清洗、哪些段已经隔离(King,2010)。

四、延时声波或地震成像

可以使用重复地震观测或声波测井来检测水力裂缝。有个别例子试图用四维地震反射(Grossman 等,2013)和 VSP 测井(Willis 等,2012)检测水力裂缝。时移井间地震有潜力能够使裂缝成像,尤其是利用受流体扩张裂缝影响的横波反射或透射变化。

五、压力(产量)瞬态分析

研究压力和产量的变化率是一种常见的工程分析方法,产量或压力的变化率可用于推断裂缝几何形状(King,2010)。

六、井下压力

可以将压力传感器布设在裂缝附近,便于更好地了解裂缝中的压力。也可以在邻井中使用压力传感器来检测水力压裂裂缝是否已生长到邻井中,当有水力压裂液时它们可以补充完成流体测试。

第八节 影响裂缝生长的地质学和地质力学因素

岩石破裂时形成一条拉伸水力压裂缝,导致应力和应变变化。这些应力和应变变化与破裂前的力学特征相互影响,而这些特征依赖于地质和构造应力。因此,裂缝生长取决于地质力学条件。地质和地质力学条件的变化影响着水力压裂裂缝的几何结构(Warpinski 等,1982;Warpinski 等,2012)。深度分层和与原生裂缝的相互作用也影响着裂缝的生长。

首先，要考虑均质材料内张性裂缝开启形成的应力变化（Ghassemi，2007）（图2-7）。随着裂缝扩张，在裂缝侧面形成一个压缩区。就在裂缝端部前面，有一个张应力带。在裂缝端部附近还会形成剪切应力升高带。由于这些应力变化或有关流体滤失，任何原有裂缝都可能移动，减小由于孔隙压力升高造成的等效应力升高。这些应力与应变的影响与微地震活动的关系会在第五章和第六章讨论。

除了受岩性变化的地层学控制的裂缝生长的力学特征外，给定地层中的压裂特征的变化当然是弹性属性的函数。岩石对载荷的响应方式一般由脆性（粉碎、产生裂缝和强度下降）、塑性（弯曲以及强度可能随应变增大）或介于二者之间的模式来

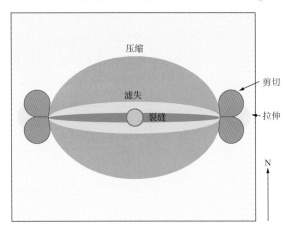

图 2-7　某直井内张性水力裂缝（深蓝色）膨胀
引起的弹性应力变化（暗灰色圆圈）示意图
拉伸区域集中在裂缝尖端（黄色），与剪切应力瓣（紫色）相伴。压缩区域在裂缝壁外部（橙色），伴随流体可能滤失的区域（淡蓝色）。应力变化量随着与裂缝距离的增大而缩短

刻画。显然，脆性破裂对于水力压裂来说是更合乎需要希望得到的，因为水力压裂的目的是形成裂缝（Rickman 等，2008）。脆性破裂更有利于产生微地震形变，而塑性往往与慢地震蠕动有关。岩石的脆性与温度（较高温度下趋向于塑性）、围岩应力（高应力状态下更具塑性）、应力状态（岩石在拉伸状态下更具脆性，在压缩状态下更具可塑性）和应变率（快速形变时更具有脆性）有关。由于微裂缝和大裂缝的存在，大多数岩石在张力作用下强度变弱，脆性拉伸破裂与位于裂缝端部的张应力相对瞬时集中有关。然而，更具塑性的岩石形成裂缝更难。由于岩石围绕支撑剂颗粒周围变形和裂缝表面粗糙，往往会造成支撑剂嵌入和更多裂缝闭合。

最近，人们将兴趣集中在根据矿物分析资料或从声波测井及地震测量的力学性质（高模量和低泊松比表示岩石更具脆性）量化岩石的脆性或"可压裂性"上面（Mullen 和 Enderlin，2012）。不管怎样，已经成功完成了各种岩石类型（以一系列力学属性为特征）的水力压裂。同样，虽然震源强度有所不同，微地震活动在许多不同岩石类型中的采集已经获得成功。通常情况下，水力压裂受原生裂缝和应力状态的影响大于岩体本身属性（Cipolla 等，2008b）。但是，在进行多次射孔储层改造时，由于岩石结构、性质和应力的差异，往往从最容易产生裂缝的射孔处进行储层改造。最好在相同条件下实施射孔及储层改造，以达到期望的相同改造效果（Wutherich 等，2012）。

一、沿高度生长

随着水力压裂裂缝垂直生长，裂缝可能到达岩性边界。尽管裂缝横向生长也可能碰到地层差异，但是，本书着重于简单、横向均匀的水平层状模型，它代表了目前正在进行水力压裂的许多油气藏（Warpinski 等，1982）。当裂缝生长进入较硬地层，裂缝的张开会受

限（图2-8）。较硬地层由于更高的弹性模量其形成的裂缝断口更小。较硬地层还往往伴随着应力升高，因为它们承载了更多的构造应力。这些地层还可能伴随着较高的泊松比——由于岩石静态负荷导致横向扩展较大，致使横向应力增大。应力升高将减小相对于破裂压力的净压差，导致打开裂缝所需的能量更少。

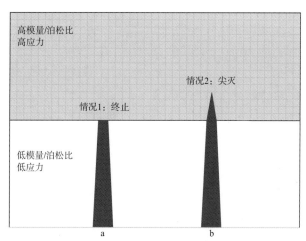

图2-8　垂直水力压裂裂缝生长遇到隔层的剖面图
显示了终止（a）或尖灭（b）的情况

　　最后，岩石内水平层压的综合影响及有关力学各向异性和沿层面的弱面也可能限制裂缝穿过地层生长。因此，地层力学性质的综合影响有限制或控制缝高生长的趋势，某些地层充当水力压裂的隔层。天然岩石裂缝往往具有类似特征：控制缝高在力学性质不同的地层之间生长，与用来抑制破裂的汽车安全夹层玻璃非常相似。水力压裂控制和沿高度生长是工程设计的重要方面，环境方面需要关注裂缝生长进入浅含水层的问题。

二、裂缝的复杂度

　　原生裂缝或断层的存在是控制水力压裂裂缝几何结构的重要地质因素（Cipolla 等，2008b）。水力压裂裂缝往往沿着阻力最小的路径生长，所以当一条拉伸水力压裂裂缝交切一条原生裂缝或薄弱面时，会较容易地使注入流体沿原生裂缝或破裂流动，而不是沿原路径流动（图2-9）。如图2-10所示，是否遵循原生裂缝的地质力学条件，取决于裂缝的强度、渗透率及应力状态（Sayers 和 Le Calvez，2010）。如果具有渗透性，流体肯定会从水力压裂裂缝中滤失进入天然裂缝。流体侵入和压力增高可能导致剪切变形，也可能导致微震活动的发生。一旦液量达到该裂缝的最大容量，净压力可能导致天然裂缝膨胀和拉伸扩展。另外，原来的水力压裂裂缝可能继续沿其原始路径生长，穿过天然裂缝并在流体滤失延迟之后继续生长。最后，水力压裂裂缝可能从天然裂隙的一个新的起裂点继续沿一条平行于其原始路径的路径生长，产生一个穿过裂缝的双向折弯（Maxwell 和 Cipolla，2011）。应力状态和裂隙的力学特征确定了三种可能性中哪一种更容易或需要更少的能量产生——即裂纹扩展、水力压裂裂缝延续或产生双向折弯的方向发生改变。

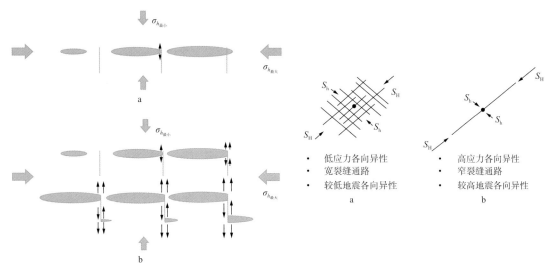

图 2-9 水力压裂裂缝生长进入原生裂缝内的情况
a—强压裂或大的最大水平应力级别情况下，水力压裂裂缝通过原生裂缝生长；b—弱压裂或低应力情况，顺向生长，然后产生偏离的裂缝。黑色箭头表示相对形变以及上下裂缝段之间的剪切区

图 2-10 应力各向异性对裂缝复杂度的影响
低应力各向异性的不同方向应力大小相似，这有利于形成不同方向的复杂缝网（a）。较大的应力各向异性与不同方向的不同应力有关，这有利于形成垂直于最小应力方向的单一裂缝面（b）（据 Sayers 和 LeCalvez，2010，图1）

与断层的相互作用与此类似，尽管某个断层的流体储存容量及周围的破坏区域有变大的趋势，而且应力状态可能很容易被该断层较早的构造形变改变。在某些情况下，水力压裂裂缝和天然裂缝之间的相互作用可能导致复杂水力压裂裂缝网的产生，复杂缝网包含不同方向的多束裂缝（图 2-11）。

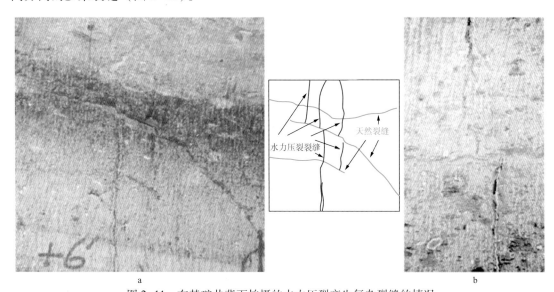

图 2-11 在某矿井背面拍摄的水力压裂产生复杂裂缝的情况
a—水力压裂裂缝与天然裂缝；b—水力压裂裂缝与层理面（资料来源：Cipolla 等，2008b，图3；SPE，2008，图7，获得 SPE 复制许可）

第九节　微地震的作用

压裂工程师最感兴趣的基本信息包括通过微地震得到的水力压裂裂缝的基本几何特征，例如：

（1）水力压裂裂缝方位、高度和沿各方向的长度；

（2）裂缝是简单裂缝、平面裂缝还是一个复杂的裂缝网络；

（3）裂缝是否与某个断层相互作用，导致不规则的裂缝几何形状；

（4）裂缝沿作业井何处起裂；

（5）岩石改造体积；

（6）识别段间或邻井间压裂裂缝是否重叠。

微地震是深入研究裂缝几何形状和生长情况的关键技术，也可以与其他诊断信息和测绘信息结合使用；然而，除了可以单独从微地震中提取的信息外，还可以通过与其他数据和模型综合提取。其中许多因素对于油井性能更重要，包括：

（1）与油气藏接触的裂缝面积；

（2）支撑剂体积；

（3）有效连通裂缝；

（4）为了获得最高产量采用的最优化的压裂设计、完井设计和井设计。

根据这些观测资料，可以对完井设计和储层改造设计等方面进行评价，确定原有设计中设想的期望结果是否已经实现。可以为以后各口井做出工程决策，例如井的几何结构和井的间距。工程师们还想知道支撑剂分布在水力压裂裂缝内的哪些部位，以及相应的渗透率增量。最后的问题涉及井的生产特征——尽管水力压裂之外还有许多因素需要考虑，例如储层质量。这些问题将在第六章和第七章详细描述。

第三章 微地震采集和勘探设计

微地震采集包括使用各种不同的检波器连续进行被动地震监测。尽管有些人说"放"一个微地震观测，这种表达错误地暗示出存在一种主动源，然而，其被动性意味着记录、采集或监听等术语更为适合。根据监测范围的不同可以在观测井内或地面上永久或暂时布设检波器（图3-1）。井中排列是最常见的布设（Maxwell等，2010），通过电缆（与VSP和井间地震的使用方法相同）安装，或用水泥灌注固定在多个深观测井或浅观测井中（Smith，2010）。另外，也可以像反射地震勘探或天然地震监测那样，把检波器阵列布设在地面（Duncan和Eisner，2010）。电缆排列可以部署在近垂直井内或用钢缆牵引器拉到水平井眼内。地面阵列可以采用宽频地震仪（与天然地震监测中的一样），或用与反射勘探类似的检波器（Eaton等，2013）部署为过井线（远离作业井的放射状测线或网格线），或在目标区域内以二维片状布设（Pandolfi等，2013）。

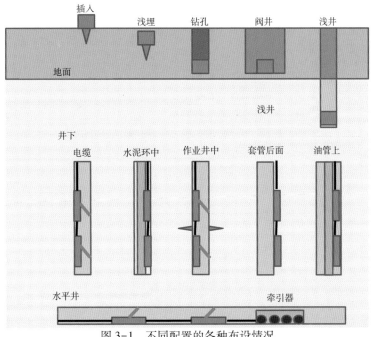

图3-1　不同配置的各种布设情况

无论采用什么组合图形，来自这些检波器的连续信号都会被数字化用于微地震信号检测和处理。特别对于实时微地震项目而言，数据传输也可能成为一个影响因素——从分布式数据记录仪传输到中央数据服务器（Hollis 等，2013），如果正在进行远程处理，还有可能要传输到处理地点。因为监测需要与注入作业同步进行，随着注入点的变化，可能涉及检波器阵列的大量移动，因此，注入和监测细节的综合观测记录至关重要。除了监测水力压裂裂缝外，还要记录校准炮，用于后面的多分量检波器定向、校准速度模型并评价定位精度。理想情况下，要精确记录校准炮的激发时间，以便能够进行走时反演对速度模型校准（Warpinski 等，2003）。微地震采集遇到的最大挑战是采集到相对于背景噪声的优质、强振幅的微地震信号，准确捕获地震波特征——获得相对于地震波来说噪声和畸变达到最小化的高保真记录。传统上，水力压裂监测是以施工注入期为起止的一种短期监测活动。然而，包括监测测试、注入后监测等在内的连续监测越来越常见，尤其是对诱发地震活动的关注。注入后监测还可以提供有关诱导裂缝网络的长期性能方面的信息。

第一节　采集工作流程

与采集微地震数据有关的工作流程通常包括：

（1）勘探设计，阐明工程目标；

（2）选择适当的仪器，包括检波器和记录系统；

（3）系统部署，针对具体作业进行质量控制，便于实现最佳灵敏度，并避免局部噪声；

（4）确定检波器位置；

（5）记录综合观测笔记；

（6）记录校准炮；

（7）地震记录仪与注入记录时间同步；

（8）连续记录注入过程；

（9）定期进行记录检查；

（10）交付原始数据，准备进行处理。

第二节　观测系统和波场采样

微地震检波器通常在一个井眼或一组井眼组合布设，也可在地面或地表附近布设检波器。地面采集可以采用标准反射地震学的方式进行，或者用专门钻成的观测浅井实施。采集的目的是使用经济可行的尽可能长的排列，形成围绕目标区的三维布局，记录高品质地震信号。

一、波场采样的约束条件

对微地震波场完全采样（图 3-2）是震源定位最准确处理和特征描述的必要条件。而在实际操作中，全波场采样受检波器布设条件和预算的限制，受许可、监测井可用性、高噪声环境，以及与改造区距离远等因素的限制。尽管使用多种监测配置（包括多井组合或井下检波器与地面检波器结合能提供更好的波场采样）的情况越来越多，但受后勤保障或成本的约束，大多数微地震监测项目往往还是利用单监测井进行次优波场采样。由于每个记录单元的时间同步，来自多个阵列的数据可以一起处理，可以更好地描述震源，并且避免各单一阵列产生的潜在偏差。采集设计需研究各种观测方式的利与弊，在选择最佳观测系统时，研究结果有助于确定资料品质的期望值、估计的不确定性和实际条件的限制。

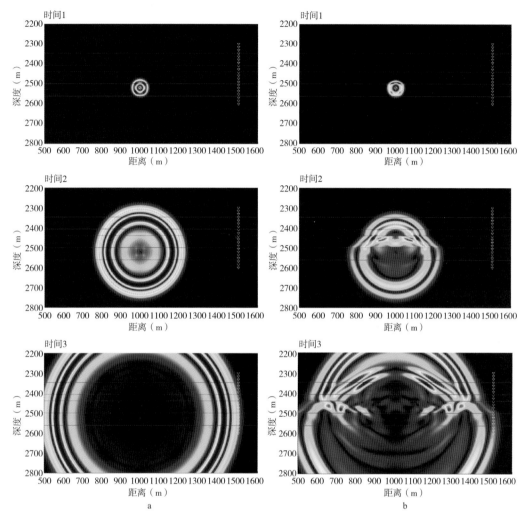

图 3-2　某均匀介质爆炸源机制的有限差分模拟图（a）和显示与分层有关的
波前复杂性的垂向变化模型（b）
已获得卡尔加里大学 Kimberly Pike 的版权使用许可

二、垂直井监测排列

早期的微地震水力压裂监测项目是在一口近垂直监测井内利用几个三分量检波器采集数据（Maxwell 等，2010b)。井眼中所用检波器的数目随时间在演变。早期的试验工作采用单个三分量检波器。在一些现代监测项目中，检波器数目从几个发展到几百个。通常情况下使用一套电缆测井系统来布设井下地震检波器阵列（图 3-3）。

检波器的间距是可变的，但一般约为数十米。通常情况下，现有作业井临时用于监测，最好选择靠近准备实施水力压裂改造的新钻生产井。这些井往往是带有畅通射孔孔眼的生

图 3-3 带有推靠臂的电缆三分量
探头（顶部）推靠在井眼（底部）
已获得 Sercel 公司的版权使用许可

产井，油气产层与准备压裂的是同一地层。监测井中任何生产油管都必须移出，一般将在最浅的射孔孔眼上面安装一个水力隔离封隔器，隔离潜在增压射孔孔眼，以保证井口作业安全，确保监测条件安静。然后，把检波器部署在这些监测井内充分固井的井段，可利用测井曲线进行评价水泥胶结固井情况确保检波器与围岩的良好耦合，以便提供典型的透射声波。

通常情况下，检波器使用机械控制的推靠臂、磁铁或弹簧夹推靠到位。必须有相对于检波器重量足够强大的推靠力才能保证与套管的耦合良好。如果观测井足够接近作业井，就可能观察到离散的微地震信号。因为大多数油气藏相对较深，其背景噪声条件往往相对安静。然而，有时候也会遇到噪声强的井（如 St-Onge 和 Eaton，2011）。噪声可能起因于射孔点之间的液体连续流动、天然气流进入井中、井筒波，以及地面噪声的向下传播——尤其是当监测井口接近压裂设备时（图 3-4）。

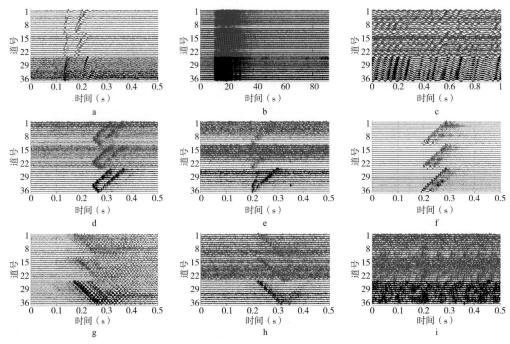

图 3-4 2 级三分量排列的各类记录

从顶部最浅层开始，每张图中的红色和蓝色表示水平分量道，黑色表示垂直分量道。a—含纵波和横波的微地震事件；b—LPLD 事件；c—时间放大后记录；d—始于排列底部附近的脉冲信号，含有排列底部的反射；e—排列底部附近的噪声源，含有两个波至相位；f—来自排列下方的井筒波；g—下行低频信号；h—高频信号；i—突发随机噪声。已获卡尔加里安迪·圣东日大学版权使用许可如果没有垂直观测井，可以钻监测井，将来可用作生产井，也可用作注入或废料处置井。在有些情况下，检波器可部署在不同深度段，包括位于压裂深度之上、周围或在压裂深度之下。然而，监测井往往是目标深度带有畅通的射孔孔眼的生产井，所以检波器只能放置在封隔器以上。有时监测井非常接近作业井，这可能带来与流体流动伴随的噪声升高的问题。近排列还可能使一些检波器处在微地震源的近源场中，导致纵横波重叠，或使记录被小的相邻空间产生的丰富信号所淹没。由于观测到的地震振幅随着距离的增大而减小，灵敏度也会随着排列与目标区距离的增大而减小。观测井距离一般为几百米，有时可能一千米。

用作业井同时作为监测井也是有可能的，但在注入过程中背景噪声升高：只能监测到注入作业后的微地震活动（Bell 等，2000；Gaucher 等，2005；Mahrer 等，2006，2007）。另外，由于监测排列与注入作业处于同一口井内，压力、流量和砂比一般会受到制约。人们也曾在作业井套管外布设检波器记录全部压裂过程（Bell 等，2000），但在不损坏检波器和电缆的情况下布设也充满挑战。井下电缆作业可能是一种苛刻的工作环境，安全地部署和移除设备很关键。

三、水平井监测排列

最近业内水平井多次水力压裂改造沿整个井眼长度进行，使传统垂直监测井的应用变得复杂，尤其是当垂直监测井距离一些作业层段太远，无法提供有用的微地震数据时（Maxwell 和 Le Calvez，2010）。如果有一口邻近的垂直监测井，也许仅有水平井的部分改造产生的裂缝由于距离近能够被有效成像。如有多口垂直井可用，有时可以先后使用或同时覆盖水平井的所有部分（图 3-5）。

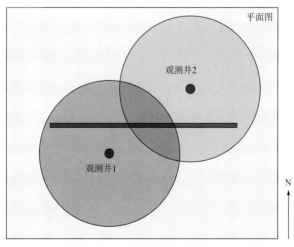

图 3-5　两口监测井及对应探测范围覆盖整口水平井的示意图
重叠区域表示两个排列都可以采集到的事件分布范围，可以进行多井处理

在这些多个排列配置中，较大事件可以通过多口井同时记录，使震源定位和特征描述更加准确。或者可以用电缆牵引器将检波器阵列安装到邻近的水平井中，追踪邻井压裂段。在垂直井中，基于电缆的检波器可以凭借自身的重量安装到井中，但当井接近水平时，需

要通过外力克服摩擦阻力，尤其是从单个平台钻的多口水平井，水平排列可以部署在相对接近注入点的位置，从而提高灵敏度。与垂直井一样，需要良好的固井来与地层耦合，套管凭借重力靠向井眼下侧。尽管首选方案是将检波器推靠在井的下侧而不是克服全部探头重力将其推靠到井的上侧，检波器可以通过与直井类似的推靠装置耦合在套管上。在某些布设中，工具的重量有助于良好耦合。

水平排列的数据处理带来了一些独特挑战，深度不确定性也相对增大，这一点将在下一章讨论。靠近井的垂直部分，将排列移至垂直井段更为有利，或者可以从垂直井段和水平井段同时监测。类似地，使用水平排列和垂直排列的不同组合同步监测能够改善波场的采样，并可更准确地处理微地震事件。

四、地面排列

地面排列提供了一种无需监测井就能实现的监测——对于难以找到适当监测井的地方，这种方式特别有利。有些油气田的井底温度可能超过井下排列的允许范围，使得地面监测成为一种更可行的方案。垂直单分量或3分量检波器的多条接收线是常见的地面监测配置（Duncan 和 Eisner，2010），通常排列呈放射状或相对施工井形成部分扇形，可能包含联络测线。检波器阵列还可以布置成密集的二维面积组合，这样可以发挥排列处理技术的增强局部信号和消除噪声的功能（Pandolfi 等，2013）。与反射地震情况相同，采集采用单个检波器或检波器串。为了降低噪声，每个检波器直接插在地表或进行浅埋。地面布设时要求获得许可和确保安全，在植被稠密区、地形起伏区或者不受土地所有者欢迎的地区都会有一定困难。微地震采集的目的是记录高信噪比（S/N）的数据；对于地面监测，信号和噪声两方面对地面监测来说都存在内在不利因素。地面接收站尽可能接近目标区域的程度只能等于目的层深度，所以观测振幅可能由于几何扩散、信号衰减和反射损失而减小。背景噪声在地面还会升高，并随人文活动和气候条件而变化（图3-6）。现代水力压裂会在井口布置多台大功率泵，在最重要时段在接收排列上形成了很大的地震噪声源。大范围部署地面排列（通常达到1000道以上）后可在处理过程中通过去噪和叠加方法减小噪声，还可以利用特殊排列图形来减少噪声，如放射状排列在靠近泵的噪声最严重区域不放置检波器，形成一个缺口（通常约1000ft）。

五、浅井排列

在地面进出不便的区域，检波器可以安装在近地表（Maxwell 等，2003）的浅井网格内，从而将地面的采集脚印减小到最低程度。通常，井眼要钻数百英尺，每个浅井布设一个或多个检波器并用水泥胶结在井中（Duncan 和 Eisner，2010）——尽管也可以使用基于电缆的排列。在浅井中，由于地面噪声的衰减，背景噪声水平通常随深度的增加而减少。将检波器放置到风化层以下对于隔离地面环境噪声特别有效，同时也让检波器离目的层更近。钻井可以采用小型水井钻机或地震炮眼钻机。通行和钻井许可是需要考虑的重要作业因素。排列的部署必须具备良好的声波耦合并能压制背景噪声，这可以采用灌水泥固结排列来实现，地面可留空隙。一旦部署完成，可以使用该检波器阵列监测浅井网格范围内多口井的压裂改造，大规模的监测活动能有效降低每段或每口井的有效监测成本。由于与地

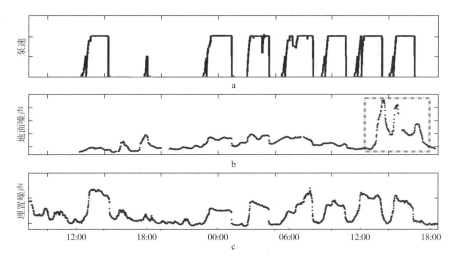

图 3-6　a 图为几个不连续压裂段的流量曲线；b 图为地面排列的平均背景噪声；
c 图为浅井排列的平均背景噪声

注意，两种排列的噪声升高期和压裂段之间都具有时间关联性。噪声水平非按比例显示，浅井噪声相对较低。另外还
要注意，虚线方框突出了 b 图中一次暴风雨期间地面噪声的升高，说明地面排列对天气条件的敏感性，由此导致敏感
度随时间变化（据 Peyret 等，2012，图 3。获 SPE 版权使用许可）

面监测相比噪声条件得到改善，一般只要在数量有限的井中使用少量检波器。尽管可以进
行连续采集，利用无线网络将数据流传回中心记录站，但常常是采用临时设置适合的记录
系统参数使其在压裂指定时间采集监测数据。

六、监测排列类型对比

在各种出版物上可以找到对地面、浅井和井下监测的灵敏度对比的讨论（Ciezobka，
2011；Diller 和 Gardner，2011；Eisner 等，2010；Mo-
hammad 和 Miskimins，2012；Robien 等，2009）。令人
遗憾的是，由于各采集系统之间缺乏同步计时，地面
和地下成像很难有效对比。记录时完全同步可以使我
们找出共同事件的发震时刻。

由于没有适当的对比结果，对于地面和地下检波
器观测的基本灵敏度存在技术争论。显然，在信号传
输到地面的过程中，信号幅度衰减，背景噪声水平有
增高的倾向，这影响了地面和近地表排列的固有灵敏
度。然而，不同监测方式的支持者已经推测了信号在
整个深度段到达目的油气层的衰减程度，推测结果与
两种技术的相对灵敏度有明显矛盾。

为了理解每种监测方式的信号衰减（图 3-7）和
噪声特性（图 3-6），进行了各种监测方式的综合测试
（图 3-8）（Maxwell，2012）。该测试还对每种监测方

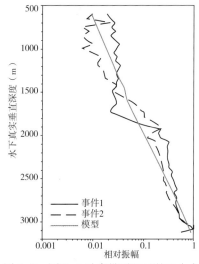

图 3-7　图 3-6 垂直排列记录的两个大
事件的 P 波振幅与深度的关系及振幅衰减
模型曲线（据 Maxwell 等，2012，图 9）

式的成果图像进行了对比。显然，首选解决方案是综合各排列微地震数据进行联合处理，可以得到最好的结果。

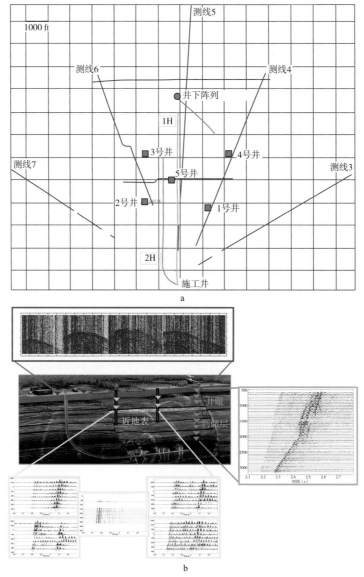

图 3-8　a 图为使用各种排列监测方式进行一系列水力压裂监测的对比试验的平面图；b 图为试验所采用的不同排列的示意图（中）及某直井从储层深度到地面同时记录的相对较大的微震事件的地震图（右侧绿框）、五口浅井的地震图（底部黄框）和五条地面测线的地震记录（顶部红框）（据 Maxwell 等，2012，图 1 和图 2）

　　通常情况下，进行地面监测和浅井监测都会用到较大的观测孔径，用于较好地采集垂直传播的波场。孔径通常从感兴趣区域向外延伸，其延伸量相当于事件的深度（Duncan 和 Eisner，2010）。由于最远的检波器距离目标很远，相对信号衰减会抑制排列横向扩展采集更多水平波场的优点。通过整合地面排列和井下排列可以获得更完整的波场采样。通过联合处理时对个别微地震事件的对比证明了记录系统达到了充分同步。

不同观测系统的相对优势取决于现场条件和项目目标，可以根据后勤因素和经济因素进行检验和权衡。选择监测方式的两个实际因素是动迁时间和排列布设时间，这两个因素控制着水力压裂的总体计划和预备进度。临时的电缆排列可以在接到通知后几天内快速动迁并部署到大多数不偏远的地方。如果需要用修井机拆除生产油管，井场准备工作可能需要几周时间。

更长久观测的井眼部署可能需要更长的时间制定项目计划，尤其是套管后放置检波器，可能需要给钻井人员留大量的设计时间。尽管从成本考虑专门打观测井并不常见，若进行时必须获得许可，还要编写钻井计划。地面监测可能需要几天时间动迁和布设检波器，还需要几周时间做准备，包括获得许可和可能开展的清线作业。同样，浅井排列需要类似的布设和准备时间，再加上钻观测井的额外时间。

第三节　信号保真度

不考虑观测系统，采集质量的重要方面是数据采集的保真度，即记录的地震数据和有关地面运动之间的一致性和无畸变。信号保真度对后续的定位处理，尤其是确定震源特征时需要对地面运动的实际位移、速度或加速度单位进行真实估计。因此，要求提供采集系统的传输函数特性，包括所有放大系数和检波器灵敏度，能够将记录电压值转换成真实的地面运动。

由于连接到每个通道的检波器阵列的信号叠加、垂直叠加及信号的归一化而使地面监测采集进一步复杂化。图 3-9 显示的是某垂直井阵列上高信噪比（S/N）微地震事件的一个高保真记录，图中逐级显示了相关性很好的信号。记录的地震数据依赖于从岩体到检波器组件的声波耦合，并最终取决于数字采集系统的电子保真度。这些耦合步骤的每一步都可能影响到采集地震数据的保真度。理论上，如果这些方面的传输函数可以量化，就至少可以部分得到补偿。正确的固井对井中采集数据的影响和近地表效应对地面数据的影响前面已经论述。

一、影响微地震信号品质的记录系统因素

1. 检波器组件系统

检波器组件系统在布设临时的有线排列时应特别注意，因为检波器外壳系统和其井眼内的机械推靠方式可能导致信号显著失真，尤其是与机械共振模式有关的信号振荡。相对于系统重量的相对推靠力（通常至少为检波器重量的 15 倍）是控制推靠系统保真度的重要指标。永久安装到井眼内的检波器一般用水泥固定到位，以便实现耦合并抑制管波。

2. 传感转能器

传感转能器本身是采集的核心，通常使用地震检波器或加速度计。检波器传递函数的特征（检波器的相对信号畸变和有效带宽）是相关联的。理想的带宽是整个频带 $S/N>1$，高频对准确的波至时间信息和定位相关性大，但低频与检测较大的震级有关。理想情况下，应将检波器灵敏度优化到检波器电压输出与记录器的输入电压范围相匹配的程度。常见的

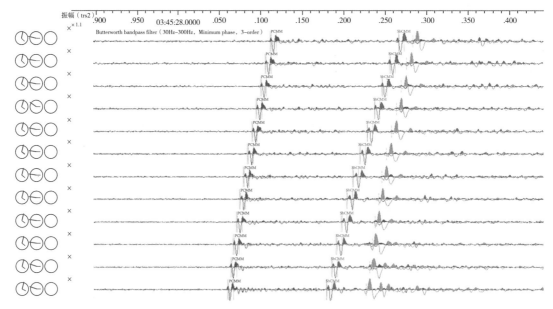

图 3-9　12 级三分量井中阵列记录的 0.55s 附近的微地震信号高保真记录

三分量信号旋转到射线坐标系统进行叠合显示，蓝色代表纵波，红色代表 SH 水平横波，绿色代表 SV 垂直横波。注意 SV 横波稍有延迟揭示了横波分裂。也要注意所有相位的主脉冲形状的一致性及穿过所有检波器的微弱尾波。蓝色和红色的矢量明确了纵波和横波极化方向（获得 Robert Hull 和 Pioneer Natural Resources 版权使用许可）

假设是：优选灵敏度较高的检波器使信号强度最大化。而实际上，背景地震噪声也会以类似比例放大。

3. 记录系统

记录系统在理想情况下不会引起更多的信号失真或电子噪声。为了提高信号强度，可能需要进行信号放大，以便与记录仪的数字化水平相匹配。去假频滤波器的相位特性也与此有关。因为其主要目的是测量波至时间，所有滤波器都应具有最小相位特性。

二、微地震检波器的类型

地震检波器是最常见的转能器。它们在一个线圈内使用安装有弹簧的磁块，输出电压与地面运动的速度成正比。弹簧系统受自然或谐振频率影响，通常在大约 5～30Hz 之间。横跨宽频的一致性响应能够抑制谐振（Faber 和 Maxwell，1997）。较高频率的检波器往往对应更硬的弹簧，并可以各个方向工作，因此称为全向地震检波器。低频检波器往往有相匹配的传感器组放置在垂直和水平方向的某一容限内。为了提供准确的方向响应，三分量地震检波器应该使用具有低交叉灵敏度特性的精确传感器组（Geldmecher 等，2013）。地震检波器响应在谐振频率以下变弱，因此全向地震检波器最适合用于检测较小震级、较高频率的微地震活动。由于机械对高频波响应的局限和偏离轴向的振动相关的假谐振畸变，故地震检波器也有频率上限（Faber 和 Maxwell，1997）。通常情况下，假谐振发生在谐振频率的 10～20 倍处。

地震检波器本身被动接收信号，无需供电作业，这一点对于井下无需有源电子器件的稳定的永久埋置很重要。多个检波器往往连接成串以便提高灵敏度（Warpinski，2009）。检波器也可以分别记录，然后在采集后叠加合成（Shemeta 等，2007）。

通常情况下，加速度计有更宽的频带而且是全向的，但它们需要放大，而且往往会有固有噪声。力平衡检波器通常基于带反馈电力系统的地震检波器，反馈系统保持惯性块稳定，能够提高低频和宽带响应。

光纤分布式声波传感（DAS）是一种有前景的新技术，具有通过一段光纤精细采集地震信号的潜力。然而，目前采集到的微地震信号往往信噪比（S/N）相对较差（Grandi Karam 等，2013）。

三、方向性响应

矢量保真度或多分量检波器地面运动方向的准确划分是检波器保真度的另一个方面。方向性响应对于识别不同偏振方向的震相很重要，例如，区分一次反射中的折射以及辨别纵横波等。具有良好矢量保真度的检波器能提供准确的方向信息，这对于单井井中监测特别重要，因为这时微地震信号定位需要方向信息。然而，噪声可能没有方向性，方向精度受信噪比（S/N）影响，而且，如果噪声水平很高会导致方向测定的不确定性。

第四节　信 号 频 宽

水力压裂改造是一种地震低频现象，在整个注水过程中，裂缝在几个小时的特定时段内形变。因此，被动记录采用宽频较佳，尤其是在检测异常低频信号时。低频部分可以通过地面测斜仪检测，地面测斜仪可以测量水力压裂时整个注水过程某个特征时段内的瞬间的地表隆起。显然，使用宽频地震检波器有一个潜在优点，能够监测低频和长周期位移。宽频地震检波器有记录各种异常信号的潜力。尽管大多数微地震项目侧重监测高频微地震，最近的研究表明，其他类型的信号也可以检测到。例如，Zoback 等（2012）强调过的"长周期、长持续期"的信号，作者将其归属于慢滑移事件，类似于慢构造地震。其他信号，如沿裂缝传播的面波以及增压裂缝网络的谐振模式，也会导致类似于火山爆发产生谐波震颤的谐振低频信号（Chouet，1996）。

微地震和天然地震数据在震源震级和震源半径（滑移半径）之间具有类似的尺度关系，即较大震级对应较大的滑移区域。图 3-10 显示了转角频率与震级的典型趋势，这种趋势表示速度谱的主频。在较高震级下，预测滑动半径较大，与较小转角频率相伴。一般井中和地面检波器适合 10~30Hz 的较高频率采集，但更大震级的事件要求使用具有较低频带的记录系统，例如宽频地震计。图 3-11 显示了对应于-1 级微地震事件的两种理论震源谱，这是水力压裂期间检测到的常见微地震震级，与一个较大震级（震级为+1）地震的预测谱进行了对比（Maxwell 等，2013）。图 3-12 通过估计不同炮检距衰减谱显示了记录信号受透射影响的实例（这里假定地震衰减系数 Q 为 50）。随着距离增大，高频成分先丢失——这对于具有较高转角频率的小震级事件更为明显。信号衰减导致监测灵敏度随距离减小，最小可检测微地震事件震级大小随着离监测阵列距离增大而增大证明了这一点（图 3-13）。这张震级与距离关系图是评价监测灵敏度的有效质控图，这将在第六章有关微地震成果解释的内容中进一步讨论。图 3-11 说明两种震级的估计频宽是不同的。根据监测项目的震级规格要求，这种差异会影响采集系统（检波器和记录系统）的频宽规格要求。图 3-14 显示的是基于不同检波器频宽的预期震级估计误差（Maxwell 等，2013）。频宽或低频记录也可检测外来信号或异常信号（Zoback 等，2012）。

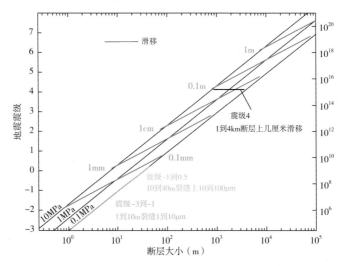

图 3-10　不同应力释放估值（定义见第五章）的震级与断层尺度关系图，
以及相应的滑移量（蓝线）

水力压裂微地震活动一般范围的断层特征显示为绿色，较少见的大震级事件显示为橙色。注意，通常情况下，与构造地震相比，水力压裂微地震活动的应力降一般为 0.1MPa。构造地震的应力降一般为 1~10MPa。图中显示 4 级地震以供参考（据 Zoback 和 Gorelick，2012，图 2）

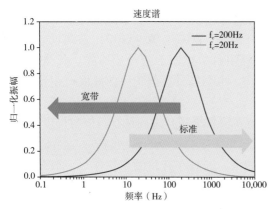

图 3-11　−1 级地震事件的理论震源速度谱
期望主频为 200Hz（黑色）及 +1 级震源，期望主频为 20Hz（灰色）。图中还显示了标准井中或地面地震检波器频宽以及宽频地震计频宽

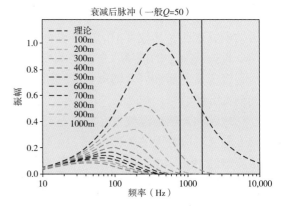

图 3-12　不同炮检距的理论震源和衰减谱
垂直线代表 2kHz（蓝色）和 4kHz（红色）记录的去假频滤波

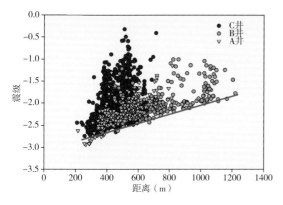

图 3-13 三口井多级压裂震级与监测距离
（震源与阵列）的关系图

注意可监测最小震级随距离增加而增大，弱信号随偏移距增大衰减增加（据 Maxwell 等，2011，图 2。经 SPE 版权使用许可）

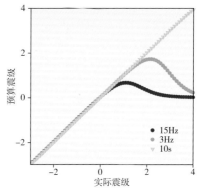

图 3-14 图中显示了使用不同记录频宽的检波器时震级估计过低，包括一个典型的 15Hz 的地震检波器、一个 3Hz 的加速度计和一个 10s 周期的地震计

第五节 记录系统的动态范围

最新的微地震记录系统采用 24 位采集系统，代表最大和最小记录振幅之间的动态范围。该动态范围的一部分用于分辨噪声特性，如果采用噪声压制法恢复振幅接近于噪声的信号，这显得尤为重要。该动态范围的其余部分控制信号饱和或限幅之前可以记录的最大振幅信号（图 3-15）。限幅信号还可以用于估算波至时间，但相应信号畸变会影响震级以及基于振幅谱的度量（Maxwell 等，2013）。可以通过在阵列内引入低灵敏度检波器扩充其有效动态范围（Wuestefeld 等，2013）。

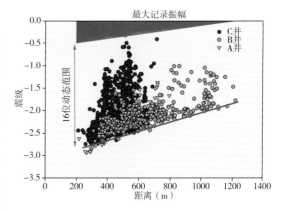

图 3-15 根据图 3-12 绘制的震级与距离关系图

此图显示了 24 位记录仪的事件，其中最小可检测信号的分辨率置为 8 位，能有效实现最大信号分辨率为 16 位。此门限值以上的信号将被修剪掉。限幅信号将使震级估计偏差较之图 3-13 显示的更大

第六节 噪 声

最小化背景噪声对于采集高质量的微地震数据很重要，特别是希望尽可能多采集包括大量弱振幅微地震事件的时候。上文已经讨论过，高地震背景噪声有时更有可能掩盖微地

震信号，对被动监测项目产生不利影响。然而，记录系统本身也会带来其他系统噪声，在背景地震条件下增大记录噪声水平。设计较好的采集系统应不会产生超过地震噪声的系统噪声（Goertz 等，2011）。

一、系统噪声

检波器本身可能带来噪声——约翰逊噪声是与热电子振动有关的噪声（Bland，2006）。结构不良或安装不良的传感器探头也会带来与传感器的机械运动有关的噪声。检波器的电缆可能带来电噪声，特别是与接地问题有关的窄频电噪声（50Hz 或 60Hz 共模噪声及其谐波）。对于采用地面数字化采集系统进行记录的永久固结模拟检波器的情况，传输中感应的电噪声会是一个问题。通常，数字化越接近检波器，电噪声的风险就越小。通常情况下，井下电缆阵列在传感器进行井下数字化采集，这有助于最小化电信号污染。前置放大时部分放大器会增加电噪声。一般情况下，放大倍数越高，加入系统的噪声就越多。最后，数字转换器本身会带来电噪声。来自于每个方面的综合系统噪声都有特定的频谱特性，因此，通常指定记录系统都会有一个最佳低噪基线记录频宽。

二、人文噪声

人文噪声通常最为明显。对于井下监测，除非存在异常情况（如自喷井），噪声条件通常都是安静的。如果监测井口与作业井口靠近，地面活动（包括压裂作业）可能产生噪声，进入井眼并干扰记录。保证监测过程中井液上方存在空井段是有效减少地面噪声的途径。本地的钻井也可能显著影响井下噪声水平，应在局部作业规划协调过程中加以考虑。同样，对于监控地面噪声条件来说考虑局部作业及相应条件很重要。压裂作业本身就是一个明显的噪声源，所以，地面阵列通常不紧靠作业井口周围布设检波器。其他当地工业活动和基础设施，包括公路和铁路，都是噪声源，在阵列设计中应可以避开。可以进行采集前噪声调查，确定噪声特征并尽可能避免将检波器部署在背景噪声水平增高的区域。

第七节 监测诱发地震活动

随着公众对诱发地震可能性的日益关注，最近的观察结果识别到了少数诱发地震活动的孤立案例。与各种注入活动有关的地震活动，如水力压裂或随后的产出液废水处理（包括返排压裂液诱发的地震活动）已被确定为潜在风险。因此，下面的讨论将阐明针对通用流体注入程序情况下诱发地震活动的监测策略。

一、记录仪

监测是研究并可能控制诱发地震活动的一种在不断增长的应用。对试图控制注入并减少诱发地震风险的基于震级的交通灯系统的标准操作程序而言尤为重要。监测诱发地震活动应采用专用宽频地震计，因为大震级地震往往具有较低的主频。虽然井下和典型地面阵列使用的检波器对由较大事件产生的低频都不敏感，传统井中阵列在记录地震近端的较大振幅时往往过度敏感。记录仪应选择固有噪声低的设备，以便在宽频范围内记录高保真度信号。宽频记录还可以进行局部地动测量（如峰值地面加速度），这有助于进行地震灾害研究。

二、选址

宽频地震监测网络的安装和采集是一种成熟技术。检波器布设往往比简单地面地震检波器更复杂，最好固结到地下水泥坑中，以减少背景噪声及地面温度变化的影响。要记录准确的震源特性，包括震级，把地震计直接安装在固体材料（最好是基岩）上很重要。位置选择可通过在备选位置上进行背景噪声记录与已公布的噪声条件对比。

三、背景地震活动监测

在各种注入活动（无论是水力压裂还是流体注入）开始之前监测背景地震活动，涉及部署具有足够站距的分散网络，检测一定震级水平的地震活动。降低最小可检测震级需要加密站距，以利用多站来检测事件，并确定潜在地震活动的位置。当然背景监测可能不需要像水力压裂的微地震监测那样的定位精度。另一方面，要实现有效记录，需将检波器放置到离震源较远的地方，以便解释潜在的大震级事件。对于表现为点源的震源，远源场条件必须近似震源半径至少 10 倍。这意味着，要记录大约+2.5 级以上的震级，阵列必须在至少离目标 3km 远的距离（图 3-10）。这就需要在较大偏移距使用区域地震阵列监测潜在的震级较大的诱发地震活动。

四、注入监测用于表征地震活动

注入监测需要类似于裂缝成像的精度，任何可能检测到的地震活动都需要精确定位，以便分析注入深度层段和有关地层的关系。区域性地震活动可能不需要精确分辨，但在任何可疑地震活动接近施工井或注入井时必须进行准确定位，以确定其与注入的关系。然后可调整注入程序，以便压裂时避开存在问题的区域。如果存在传统微地震阵列，其数据可以与宽频系统结合在一起，运用微地震系统对活动进行精确定位，并用宽频阵列估算震级和地面运动。当然，也可以使用一种足够密的宽带阵列作为高密度地面监测阵列，用于裂缝网络成像。局部监测资料应与区域地震网络结合，对地震观测进行全面表征。宽频地震数据应实时传输到中央站点进行研究和实时处理，以帮助交通灯系统起作用。

第八节　勘探设计注意事项

一、工程目标

勘探设计应首先根据水力压裂各方面问题确定工程目标（Cipolla 等，2012）。工程目标中也可能提出特定的采集要求，例如，如果水力压裂缝高很重要，需要估算微地震深度达到一定的精度。勘探设计研究的其他要素包括给出地震检波器的数量和位置的建议，并且很好地量化监测灵敏度和微地震精度（Maxwell 等，2003）。微地震灵敏度和精度是微地震项目执行前建立期望值的有用参数，如预期的微地震活动的数量和质量。

二、阵列配置和标准化设计

基本勘探设计可以非常简单，只要确保相同地层或类似储层的井中监测阵列处于以往项目的距离范围之内即可。阵列可以是一种标准的目前可提供使用的阵列配置，具有指定的数量和接收间隔。通常情况下，标准阵列配置由可提供使用的检波器和辅助设备（如级间电缆）确定。可以采用经验性部署规则，如是否跨越目的层深度上下布设井中检波器。对于地面监测，通用的经验性方法是让阵列横跨目的层，每一侧观测孔径等于目标层深度。目前现状是采用某一标准化阵列设计实施项目，不提供专门针对本地条件的适合特定目标的解决方案，或针对设定期望值和确保项目目标实现能力的阵列性能方面的信息。

与标准阵列有关的一个常见问题是组成阵列的采集站的数量对结果的影响程度。尽管使用的检波器数量或许存在后勤方面的制约和经济制约，直觉告诉我们，采用较多检波器进行记录成像会更好。

图 3-16 显示的是不同数量的三分量检波器组成的井下阵列采用两种不同的检波器间距估算的位置不确定性。检波器数量对定位精度呈现递减的影响。更重要的是在检波器数量较少时，阵列孔径是提高深度精度的一个重要因素（如在图 3-16 中，采用间距为 100ft 的 10 个或更少检波器时，深度误差较小）。

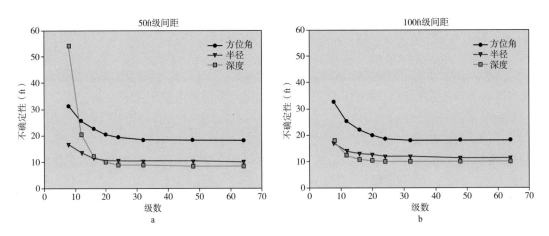

图 3-16　垂直井下阵列采用不同数量的三分量检波器时估算的位置不确定性

事件位于所有阵列最深一级，偏移距为 1000ft。假定每一级存在 2% 的旅行时误差和 5° 的方位误差。方位角水平方向误差根据矢端图分析确定。a—级间距为 50ft；b—级间距为 100ft

此图假设震源强度足以满足整个阵列采集到高质量的信号。然而，当震源强度很弱，地震振幅沿井身下降时，检波器距离较远有可能导致总精度降低。在此情况下，处理可能只能使用整个阵列的一部分，以免降低阵列性能。也可以使用可变检波器间距在保证部分阵列台站密度较高的同时增大阵列孔径，使更多检波器记录较弱事件（如 Maxwell 等，2000）。检波器数量也会影响地面阵列的定位精度和可检测性的叠加性能（图 3-17）。

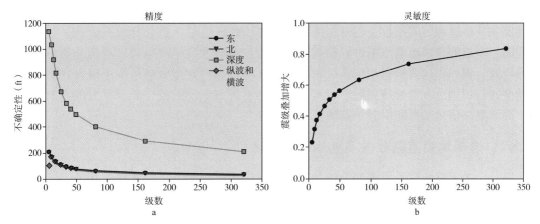

图 3-17 某地面阵列采用不同数量的检波器时估算位置不确定性和灵敏度的改善情况

以深度为 3500ft 的某一事件为中心，某联络测线采用等间距时的不确定性，假设旅行时间误差为 4%。a—仅用纵波波
至估算的不确定性，其中一个点用来与五级采用纵横波初至做了对比；b—灵敏度的改善情况，假定通过叠加改善信
噪比为级数的平方根

三、评价阵列性能

勘探设计的下一个层面是评价基础阵列的性能。通常情况下，确定预期水力压裂带会考虑作业井的几何形状及监测井和合适的地面或浅井的位置（Raymer 和 Leslie，2011）。还应建立一个速度模型，一般采用纵横波速度的偶极声波测量值。对于某一具体阵列，可以假设一定程度的初至和方向精度来估算定位精度，然后可以对比不同阵列观测系统的精度。

通过估计地震衰减水平和假定背景噪声水平，利用额外计算估算微地震最小可检测震级，从而可量化每个阵列配置的灵敏度。量化灵敏度既可以直接与原始数据中检测离散事件相联系，也与提高信噪比的数据处理（如信号叠加）有关。可以通过现场经验或储层模拟来推定检测足够微地震事件所要求的震级范围。阵列性能评价的结果通常会通过绘图或横剖面展示，图上会显示每个阵列的期望精度和最小震级的等值线。

四、估计地震事件的数量

设计研究复杂性的另一层面是估计可能记录到的微地震事件的数量（Maxwell，2011b）。事件数量是变化的，取决于一些储层特征，包括存在的原有断层及液量、流量和注入压力。然而，事件的最小数量可以利用经验观测值估计，从而根据计划水力压裂改造的水力注入能量估算微地震能量的释放量。经验观测值表明，微地震能量与水力能量之比可能存在一个下限，尽管压裂期间如果断层被激活的话此能量比可能更高些。在试图量化可能发生的微地震形变时，也可以利用地质力学分析（Maxwell 等，2003a），尤其针对潜在断层活化及其他储层监测应用时。这些更为复杂的方法在已获得微地震经验的地区将更加有用。

五、使用合成地震图

勘探设计研究也可以包括生成合成地震图，以便了解波的传播、信号的复杂性，以及验证阵列精度和灵敏度估计（Maxwell，2010）。针对特定虚拟检波器位置，假设一个声阻抗剖面和一些震源时间函数及辐射花样，可以利用弹性模拟（例如有限差分法）生成合成地震图。生成的合成地震波图可以检查波形的复杂性，并确定产生较简单微地震信号的检波器位置，例如，远离折射相位或反射相位。还可以通过处理合成地震图验证预测数据处理精度并且识别潜在的处理问题。也可以对直达、折射和反射相位的波至时间进行射线追踪，确定复杂信号或可能引起干涉的信号的位置。

六、选择地面监测或井下监测

最后，关于微地震采集观测系统的一个常见问题是，对某一特定项目而言，是采用地面监测还是采用井下监测。虽然往往会根据逻辑来选择阵列，包括是否具有合适的监测井，但是，针对完成计划工程目标的能力，要考虑两种阵列的性能。特别是针对微地震震源强度了解甚少的新地层时，这两种阵列配置的相对灵敏度也是一个重要考虑因素。即使对于灵敏度较高的井下监测，在可用的观测井距离较近时，对上文所述任何项目进行微地震记录时，微地震活动的数量和强度都是一个基本问题。在新的地区，尽可能靠近目的层部署阵列是消除潜在项目风险并保证为裂缝成像提供足够事件的务实方法。在有适当监测井的情况下，保守的方法是首先在这些新区域进行井下监测，这将为后续项目的微地震活动提供特征描述。

第九节　选择阵列配置和记录系统的工作流程规范

令人遗憾的是，没有对所有监测程序最优的通用解决方案。在每个特定情况下，设计一个监测项目需要权衡经济因素、后勤支持和现场具体地球物理特征，以便实现具体的项目目标。然而，一般情况下，监测阵列离目的层越近，检测到的可用于精确定位的高质量微地震信号就越多。下面列出了用于确定有效采集程序的工作流程：

（1）确定微地震监测项目的工程目标，包括所需数据特征和定位精度。

（2）审查潜在监测选项，包括潜在监测井内的监测位置和有无道路通达，以及是否允许布设地面阵列或浅井阵列。

（3）编制相关现场资料，包括该地区以往的微地震项目、作业井的井身结构和注水计划、速度模型、地震衰减、储层构造、已有井的完井图，以及关于区域应力场的信息。

（4）确定本地地震阵列的可用性，包括可用级数和级间长度。

（5）建模确定各种阵列的精度和灵敏度。

（6）确定成本、可选监测方案的实用性，以及准备和部署的时间表。

（7）依据完成工程目标的能力检验阵列性能，评估相对于信息的价值的成本花费，选择供应商并进行数据采集。

第四章 微地震震源位置的估计

微地震数据处理是依据所记录的微地震信号计算微地震震源信息。基本处理确定微地震活动的震源位置，与质量控制属性共同构成解释水力压裂几何结构的基础。微地震位置的时空特性是基本的震源量化属性，它们是形成许多标准工程作业流程和应用的基础。震源定位也是高级处理流程的基础，高级处理从微地震记录中提取附加的微地震震源属性和信息解释超出范围的事件点（将在第五章中讨论）。因此，定位精度是项目成功的根本，它主要受到高信噪比记录和用已知位置受控震源确定的准确速度模型的控制。

一个标准的处理流程包括：

（1）定义观测系统和检波器方位；

（2）速度模型建立和校准；

（3）信号预处理；

（4）微地震事件检测；

（5）震源位置估计；

（6）定位置信度和质量控制属性计算；

（7）震源表征（第五章）；

（8）解释（第六章）。

第一节 监测用观测系统和检波器方位

需要确定检波器的方位，尤其对于仅轴向分量预先确定（一般为 z 分量或垂向分量）的其中三分量阵列而言。井中水平分量有可能指向任意方向，因此，一般采用校验炮来确定方位。地面阵列布设三分量检波器时一般要求水平检波器对准地理方向，但也可使用人工震源进行校准。

检波器定向的第一步是建立监测的观测系统，包括每口井的井口位置及井斜测量。必须注意坐标参考系，避免观测系统误差。随后把井中或地面检波器阵列的位置加入到几何模型。检波器方位计算可通过已知位置可控震源的记录（如地面震源、射孔炮或其他校验炮）来实现。如果无法获得可控震源记录，可以使用作业时记录到的较早微地震事件，假设事件位于作业井的射孔区域。P 波脉冲用于识别检波器方位。

通过绘制水平分量相对信号振幅交会图，可对信号极化进行矢端图分析（如 Moriya，2008）（图 4-1）。这些矢端图是地面运动的图形描绘，可以使用各种分析技术针对相对信号振幅估计方向（震级最大化、线性拟合，更稳健的是使用主分量分析）。在本书的其余章节，矢端图分析将作为表示这些分析类型的通用术语。根据已知震源的射线路径方向对矢端图方向进行校准，计算水平分量的相对方位。在明确的水平层状横向均匀速度结构情况下，不需要通过速度模型进行射线追踪，就能确定水平分量的方向，但其他非正交几何结构的情况，需要通过速度模型和有关射线路径确定检波器的方位。通常情况下，使用纵波波至确定检波器方位，尽管横波也可用来排齐到预期质点运动方向。

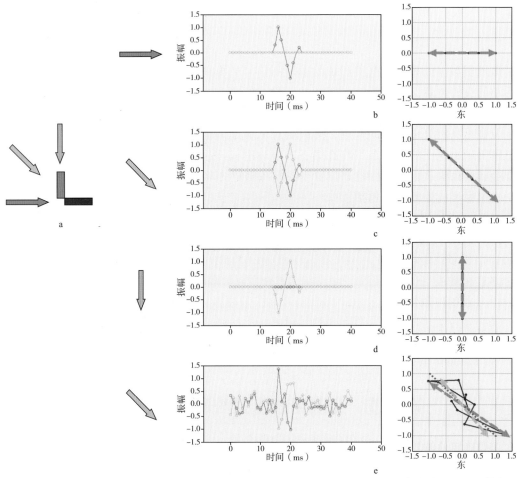

图 4-1　a 为两个分量的矢端示意图：北向分量（橙色）和东向分量（红色）。每个分量相对入射角的合成地震记录（同样的色标）和对应的矢端图，表示每个样点振幅的两个分量的交会图。图 b~d 显示了不同入射角的三种情况。图 e 重复了倾斜入射的实例，但包括了较高背景噪声，显示与正确角相比存在差异（红色点线）

　　好的方案是采用从不同方向多点震源计算检波器水平分量方位，再获得统计平均值。多点激发为平均方向统计分析及统计误差分析提供了代表性样本群。不同方向的炮点还提供对不同方位定向值的验证，验证组成三分量检波器组件的传感器灵敏度，并且检验速度模型的一致性。检波器方位随时间的一致性有助于验证在布设过程中检波器是否移动或滑动。

第二节　速度模型的建立与校准

处理微地震资料一般既需要纵波速度模型也需要横波速度模型。通常情况下，两种震相都可在微地震道中识别出来。同时采用纵横波处理获得的定位通常更为准确。如同其他地震速度应用（用于地震反射处理的时差校正），可以利用不同资料建立模型，包括声波测井、地质模型、VSP、井间地震或三维地震层析（图4-2）。输入常常限制为声波测井，声波测井应用广泛，因此作为创建微地震处理速度模型的初始输入。通常情况下，声波测井使用频率为几千赫兹到几万赫兹的信号测量沿井轴向的传播速度。钻井引起的近井地层变化可能对标准测井产生影响。而微地震信号频率相对较低（主频通常在几十至几百赫兹之间）。对于井下监测，微地震信号一般沿水平传播。任何各向异性、速度频散或横向非均质性都会导致声波测井曲线与校准炮或微地震所得到的视速度产生差异。

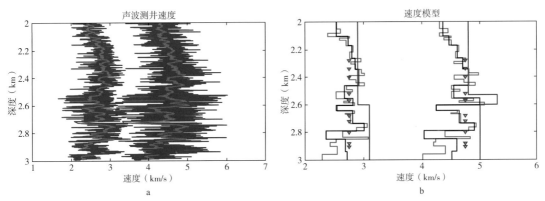

图4-2　a图为棉花谷试验声波测井曲线（蓝色曲线）与平滑后移动平均值图（红色曲线）。
b图为通过声波（红色）、VSP（黑色）和反射地震（蓝色）反映的分段速度模型
据 Usher 等，2012，图1，获版权使用许可

考虑到该差异，需要有一种校准方法生成与观测道一致的速度模型。速度模型，或者更具体点说，弹性参数的力学地球模型也是水力压裂建模的一个重要方面（见第二章）。然而，与地震波传播有关的动态弹性属性不同，使用工程工具进行压裂物理建模需要的是静态弹性参数。不管怎样，速度模型是微地震处理与水力压裂改造的交集，因此应该保持一致。

利用声波测井曲线建立速度模型首先要求将测井曲线块化（分段）成离散的层段。该步骤可以根据原始声波数据的解释算法自动进行，或者通过对测井曲线进行目测检查识别具有独特性质（如地质或岩石物理模型）的深度段，从而对离散各层进行分类。下一步给各层赋速度值，通过目测检验或使用平滑处理，或用巴克斯（Backus）平均算法实现。通常结果是一维横向均匀速度模型，由地层边界和层内均匀速度组成，依据地质构造也可采用统一的区域倾角。也可以建立一个基于地质构造模型或地震层位，包含有地形高程变化地层的更加复杂模型。另外，如果有足够的信息量化横向速度变化，也可以建立一个完整的三维速度模型。其中的各向异性信息很有用（Du 和 Warpinski，2013；Grechka 和

Duchkov，2011；Maxwell 等，2006；Maxwell 等，2010），对于具有固有各向异性的层状页岩尤其有用。无论如何构建，速度模型的校准或调整必须匹配观测的校验炮数据（Maxwell 等，2010）。

常用的传统射线理论和波前法用速度模型可以正演波至时间和波的传播方向。对射线和波动理论的详细讨论超出了本书的范围，但有与微地震相关的具体说明。通常情况下，要生成一个查询表（LUT），包括从每个检波器到网络点的旅行时、离源角和波至角。这样在炮检互换的假设下，实现高效处理和微地震定位。

在速度反演和随后的微地震处理过程中，保证模型正演算法预测的震相与观察到的波至时间震相一致非常重要。例如，炮点或微地震信号可能包含一个沿高速层传播的首波，它的波至早于直达波。一些正演模型方法，如程函有限差分法和波前重建法等，可以用来预测最早的波至相位——最早波至是折射首波还是直达波，这取决于最快传播路径。然而，与振幅较大的直达波相比，首波往往相对振幅较弱（图4-3），因此可能更难于识别。基于高频限制射线理论的射线追踪法很方便，能够估计各种传播路径，包括直达、临界折射和反射路径。

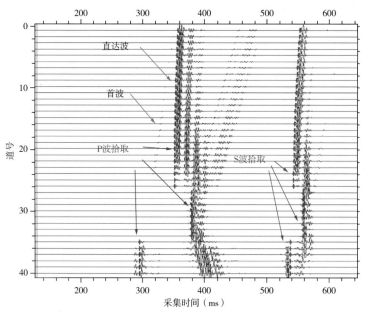

图4-3　显示某一弱首波和较高振幅直达波实例的合成地震记录（据 Maxwell，2010，图6）

在匹配观测波至时间时，混淆首波和直达波会导致系统性错位和速度标定误差。这种混淆可能会由于对地震波相位的错误解释或对正演模型特征缺乏认识而无意中产生。因此，必须小心避免由错误的震相模拟或波形解释结果而导致的定位不准确。

速度模型标定包括调整速度使其与校验炮观察到的纵横波波至时差相匹配（图4-4），这样估算出的该炮点震源位置与已知位置一致。有时记录了放炮时间，可以用传播时间进行匹配。如果没有记录放炮时间，则通过排齐平均实测波至时间和计算波至时间来等效地确定放炮时间。虽然校准速度主要涉及调整速度模型使其与视速度匹配，它也等效地修正了潜在的观测系统误差（检波器位置误差或观测井之间的相对误差）。

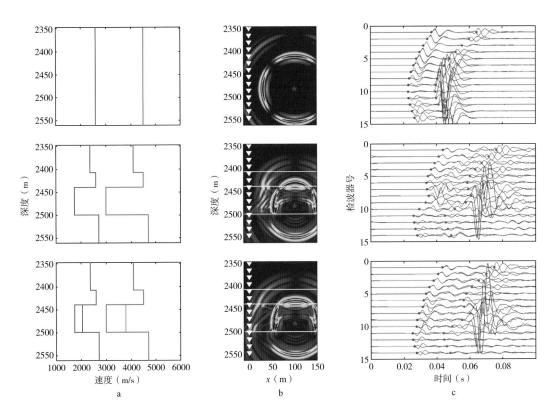

图 4-4 各种速度模型间差异合成的几个结果（a），以及显示带有检波器（白色方块）和震源（红星）及模拟信号（c）的波场（b）

速度模型从上到下分别为：均匀速度模型、各向同性速度模型和最慢层内 VTI 各向异性，绿色和紫色表示水平速度（图件由卡尔加里大学 Jubran Akram 提供）

　　进行纵波或横波速度模型调整可以通过整体移动整个速度剖面，调整特定地层的速度为各向同性速度值，或者引入 VTI 各向异性参数来校准相对于垂向速度的传播速度（图 4-5）。这些调整都可以通过人工调整速度或数值反演实现（Pei 等，2008；Bardainne 和 Gaucher，2010），反演采用最小化均方根波至时间残差（实测时间和计算时间之间的差值）和（或）已知炮点和估计炮点位置之间的距离（图 4-6）。

　　速度反演本质上具有非唯一性，存在许多速度模式和速度场类型可以与实测时间与时差相匹配，得到炮点的准确震源定位。校准速度模型的唯一性可以利用物理学和地质学上的真实速度和速度比约束校准模型得到改进。如果同时校准相对于阵列不同位置的射孔炮，则速度模型的唯一性也会得到改进，会产生一个可匹配各种炮检距和位置所有震源的独特模型。但由于传播路径影响、局部速度变化和速度模型局限性或过于简化速度模型的原因，需要针对每个压裂段单独校准速度模型才能解释传播时间产生的差异。速度模型局限性包括横向非均质性、HTI 各向异性、未考虑 VTI（Grechka 和 Duchkov，2011）及前面水力压裂段引起岩石性质变化有关的潜在速度变化。

　　Erwemi 等 2010 年展示了校准对真实数据集的影响。图 4-7 显示由声波测井导出的初始

非常规储层水力压裂微地震成像

各向同性模型用于射孔炮拟合，考虑 VTI 各向异性参数后波至时间拟合效果得到改善。图 4-8 显示初始各向同性模型和 VTI 各向异性校准后的相应微地震位置。

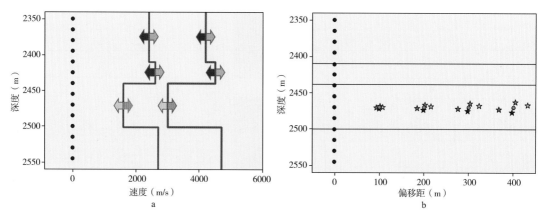

图 4-5　各层速度扰动实例（a）和对估计位置的相应影响（b）

红色圆圈表示检波器，橙色圆圈表示真实震源位置。速度在顶部两层（橙色/红色）增高/降低，相应的扰动位置用橙色和红色星表示。第三层的速度也受到独立扰动

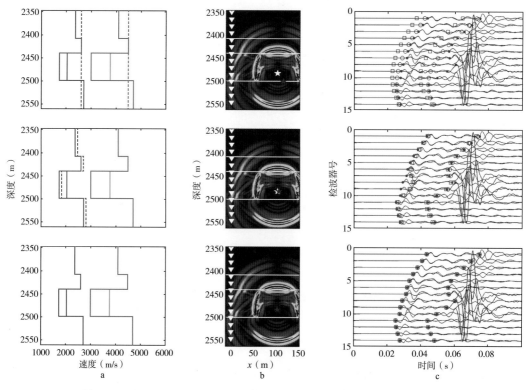

图 4-6　试图匹配图 4-4 中 VTI 模型而建立不同速度模型并校准的情况

中间图波前快照上的白色星号表示真实位置、红色表示每次校准的估计位置。在右侧的信号波形图上，闭合圆圈表示真实波至时间，开口方框表示利用校准速度模型和真实位置估算的时间，开口圆圈表示用的估计位置。由上而下分别为：均匀模型、仅有横波变化的各向同性模型、各向异性模型（图件由卡尔加里大学 Jubran Akram 提供）

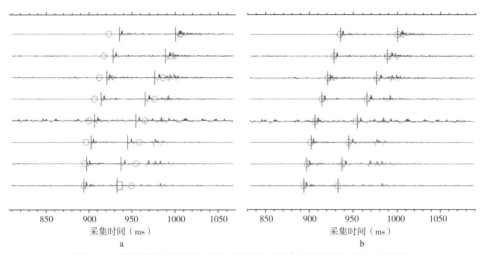

图 4-7　模拟射孔炮波至时间（圆圈）拟合实测波至时间（垂线）

a—采用偶极声波测井曲线的初始各向同性模型；b—采用 VTI 校准后的结果（据 Erwemi 等，2010，图 2）

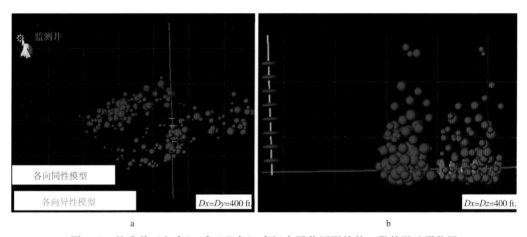

图 4-8　校准前（红色）后（蓝色）多级水平井压裂的某一段的微地震位置

a—平面图；b—剖面图，包括显示为蓝色圆盘的射孔点，和在 b 图中的观测井和显示为红色圆盘的地震检波器（据 Erwemi 等，2010，图 6 和图 7）

　　由压裂本身引起的速度模型变化量是一个有争议的话题。这些变化将是一种局部影响，将在整个射线路径长度上得到中和。还有一些注入和相应震源机制会影响纵横波速度和衰减。在注入阶段，水力压裂裂缝形成本身往往会局部不同程度地降低速度，尤其依赖于裂缝充填的是纯流体还是支撑剂，以及裂缝在注入作业完成后是开启还是闭合。相反，随着原有裂缝的优先闭合，裂缝面周围压缩区域的速度会增大。最后，相对于原来未受干扰的条件，流体注入和孔隙与裂缝中含水饱和度的变化会对纵横波速度产生不同的影响。由于一般速度模型校准在不同压裂段没有显著差异，这些平均在微地震震源检波器射线路径上的多方面因素带来的净效应可能很小。而且，有几个例子尝试进行时移井间测量的实例表明速度变化相对较少。

台站校正也可用来改进波至时间匹配，在地面数据处理中很常见，但很少用于井下数据。这些静态波至时间校正一般用标定后的平均波至时间剩余值来确定。台站校正类似于地震反射静校正，往往有助于考虑近站速度变化，特别是在地面数据处理过程中。然而，静态剩余校正也往往用于补偿速度模型未考虑到的速度变化。因此，可能给估计位置引入某种运动学偏差或变动。

速度模型中的误差可能非常严重，导致微地震定位错误，并可能致使水力压裂解释不正确。精确的速度建模可以通过以下各种因素进行质量控制：

（1）理想情况下，波至时间剩余时差统计量应与波至时间拾取精度水平一致。然而，典型的剩余时差的方差常常明显大于波形采样率的潜在拾取精度，因为信噪比变化影响拾取精度。

（2）标定后的整个阵列波至剩余时差的总体趋势指示了剩余的速度模型不确定性，也说明了无法在整个阵列匹配观测到的视速度校正量。

（3）只要炮点信号可以很好地代表微地震信号，炮点震源位置估计精度是最主要的质量控制。比如，如果微地震数据用纵波和横波进行处理，炮点信号需要能肉眼看到这两种震相用来校准和验证速度模型。校验炮也要有好的质量，信噪比要相对较高。

（4）校验后速度模型在地质学上应当真实，速度比在物理上合理（例如，v_P/v_S 大于 $\sqrt{2}$）。

（5）由初始速度模型开始的速度扰动应该很小。

（6）最好一个（或至少一致的）速度模型能与监测项目中的所有射孔炮匹配。

（7）只有校验炮射线路径能够采样的速度模型层才能得到校准。如果最终发现有微地震出现在标定过程中未采样到的地层中应该仔细考虑其准确程度。

（8）校准能力取决于对校验炮识别的置信度。某些情况下，可能存在前段压裂残存的微震活动，校验炮信号可能被误认为是一种同时发生的微地震信号。

第三节　信号预处理

可以运用各种降噪技术提高信号质量（Vera Rodriguez 等，2011）。尽管首选的工作流程是不改变原始数据，但还是可以使用信号预处理及信号增强处理或去噪滤波。未滤波的原始地震道总是应该完整保存下来，不受到任何信号预处理算法的影响。微地震数据处理依赖于波至时间，所以，重要的是信号滤波要是因果的，不引入人为的波至时间前移（应为与零相位相对的最小相位）。改变三分量检波器相对幅度的相位畸变也会扭曲矢端图的方向估计。最简单的预处理是对每个检波器使用频率滤波器——用高通、低通或带通滤波器衰减信号频率范围以外的噪声。万一出现谐波电噪声（如 60Hz），陷波滤波器特别有用。某些情况下也可以采用其他标准滤波方法（如 Bose 等，2009），例如，预测滤波器对降低偶尔由泵送设备产生的相干背景噪声有效。基于阵列的滤波器（$f-k$ 或 $\tau-\rho$）适用于地面阵列（Liang 等，2009，Forghani-Arani 等，2011），极化滤波器可用于三分量检波器等。根据信号和噪声特征，这些滤波器的一些组合可能有效。然而，由于不同事件微地震信号震级和频率成分可能不同，因此，总会存在丢失不可预见信号的风险。也可能导致信号畸变，所以优选方案是要尽可能减少滤波。

第四节 微地震事件的检测

在水力压裂过程中，微地震定位之前往往先对已预处理的地震道进行潜在微地震信号的检测。有些定位处理方法把事件检测作为同一算法的一部分（比如下文提到的扫描）。根据某一特定时段内最小数目的检波器达到某一规定标准的信号水平时，最常用的基本方法是使用一种相对于背景噪声的相干波至的事件初步检测方法，依据特定时间段内在最少级数的检波器上有一定的信号强度的判别准则。最简单的方法是基于检测特定门槛值之上的信号振幅。然而，如果背景噪声水平发生变化，简单的门限值方法可能导致最小信噪比（S/N）的时变性。

另外，可以采用地震学的短期/长期平均（STA/LTA）比方法（Trnkoczy，1999，提供了一个全面讨论）。此方法更适合于在噪声水平不断变化的情况下保持一致的信噪比（图4-9）。STA 和 LTA 计算窗的长度要与所需信号数量和不同检波器同时检测信号所需的时间段一起设定。在潜在信号触发之后，规定特定时间长度记录，留出充分的预触发时窗和后触发时窗，用于封装跨越整个阵列的所有震相和相应时差。

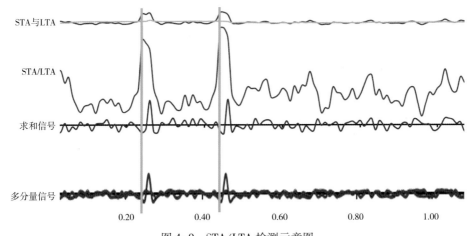

图4-9 STA/LTA 检测示意图

底部是合成信号图，包括纵波信号（红色）和横波信号（蓝色）。实例中叠合的红色时间序列是对某单个时间序列上的两个分量的一种几何加法。上部为 STA（蓝色）和 LTA（红色），下部是 STA/LTA 的比值。绿线表示比值超过两个震相波至起跳的两个点

通常情况下，无论用哪种波触发系统，都将采用纵横波波至时差的估计值来确保有足够的时窗长度。某些情况下，如果事件集中发生，则单一触发可能包含多个事件。为了避免相同的信号再次触发以及触发之间的重叠时窗，往往在允许再次触发之前执行一次延迟。

触发信号的成果数据集可能既包括噪声又包括微地震信号，信号可能既包括可定位信号也包括不可定位信号，这取决于用于计算位置的最低数据的质量和震相标准。例如，井中监测可能要求纵波和横波在最少数量的检波器上可见，以便计算可靠的位置。地面数据则可能仅需要一个纵波波至。STA/LTA 在单个检波器数据上触发只会检测可见事件。所以，对较弱事件的检测往往是扫描算法的一部分，这种算法依赖于单一叠加，并且需要检测和

定位功能联合使用。理想情况下，连续数据流被保存下来，因此可以应用不同检测处理和信号预处理来改善信号检测结果。

第五节　震　源　定　位

　　微地震事件的震源位置是一个基本震源属性，也是基本处理的主要焦点。如同构造地震，事件的空间位置和发震时刻是根据地震波估算的未知数。可以使用单个三分量检波器、利用时差（t_S-t_P）并通过在纵波矢端图上分析到达震源的射线方向确定某个位置。另外，也可以通过分析横波矢端图约束与横波观察极化正交的射线路径，但这一般要求在射线方向内为线性极化，而且可能容易受横波分裂的影响。不管发生哪种情况，从检波器沿轨迹向外进行射线追踪都可以把事件的位置约束在对应的 t_S-t_P 时间间隔上。尽管如此，由于任意岩层移动都可以产生微地震事件，初至波既可以是压缩波，也可以是膨胀波，所以，在与方向相反的相应位置，存在一个天然的180°多解性。此位置可以由其他信息约束，例如，用来确定预期震源位置或作业井方向的预期相对倾斜角或方位角。波至时间、偏振角度和速度模型的不确定性直接与位置的不确定性有关，因为解并未过约束。

　　三角形法是另外一种用纵横波时差（t_S-t_P）估算地震或微地震位置的初级方法，纵横波时差（t_S-t_P）与震源和检波器之间的距离成正比。使用至少三个检波器，可以用 t_S-t_P 确定三个圆的交点，对震源位置进行三角测量定位（图4-10）。更多检波器过度约束三角定位可提供定位精度的统计度量值。将 t_S-t_P 转换为距离时速度模型不确定性可能曲解圆的半径，并可能造成震源错误定位。然而，该三角测量技术是概念性的，并不明确用于微地震活动定位，在此介绍仅出于说明性目的。

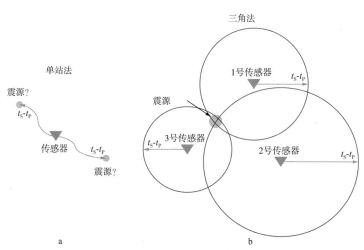

图4-10　两个基本定位法的示意图

含两个可能位置模糊度的单站法（a）和三角形法（b）

一、波至时间反演

　　更成熟的定位方法包括通过波至时间反演进行微地震震源定位——这是一种用于天然

052

地震定位的常用方法（Gibowicz 和 Kijko，1994）。该方法可以对到达许多检波器的纵波和横波的波至时间（分别为 t_P 和 t_S）进行可视化拾取或用自动拾取算法实现（St-Onge，2011）。在任何位置，相对走时和发震时刻确定了理论波至时间 t'_P 和 t'_S，因此，对于台站 j 的每个波至相位，剩余波至时间为

$$T_j = t_j - t'_j \tag{4-1}$$

式中，T_j 为接收台站 j 的实际观测时间 t_j 与理论走时 t'_j 的差值。

对事件位置的最小二乘解是使所有检波器波至残差最小化的震源位置（x，y，z 和起始时间），即

$$\Delta_j = \sum (t_j - t'_j)^2 \tag{4-2}$$

式中，Δ_j 为台站 j 的剩余波至时间 T_j 的最小二乘解残差。

最小二乘法或其他可能的正则化问题按照通常数值方法求取极小值来求解，包括用线性策略或加密网格搜索策略（常用单纯形法，根据 Prugger 和 Gendzwill 的讨论，1988）或迭代线性化反演（首先由 Geiger 提出，1912）。可以通过协方差矩阵分析来估计统计位置的不确定性，通常情况下，使用均方根（RMS）残差作为数据拾取误差的度量（Pavlis，1986）。残差测量用数据匹配模型，作为最小二乘反演问题，在解过约束的情况下给出合理的统计值。

这些不确定性可以用一个不确定性椭圆体表示各个方向上的误差（通常是正交的，取决于处理工作流程）。不确定性椭圆体的形状取决于震源和检波器组成的观测系统，大小与拾取的不确定性成正比。其他的系统性的不确定性（包括可能存在的速度模型误差）至少部分与增大的残差有关，因而体现在估计误差椭球上。

单井检波器阵列的微地震处理可以通过不同的波至时间反演方法进行处理。开始时可考虑使用最简单的垂直阵列和水平层状速度模型。可通过波至时间反演事件的二维震源位置坐标，即事件的水平偏移距和深度（图4-11）。炮检距主要由 $t_S - t_P$ 约束，而深度由时差约束。然后，通过矢端图分析，利用阵列中每个检波器上的射线路径方位确定空间位置。在垂直阵列中，通常情况下，方位角估计值通常采用每个检波器的平均值。倾斜角也可用于位置约束，而且可以决定性地分辨事件发生在监测井哪一侧。前面已经讲到，对于采用单个三分量检波器的情况，在射线方向正对位置存在定位的不确定性；然而，波至时间反演的深度估计通过一致性的矢端分析倾斜角和波至时差定义的预测震源深度约束了这种来自阵列的方向不确定性（Jones 等，2010）。

更普遍的情况下，采用水平井、斜井阵列配置，或地层具有一定倾角，或采用三维速度模型时，在波至时间和矢端图之间存在数值耦合或妥协折衷。这些情况下，使用更通用的组合定向和波至时间反演（如下式）估算三维空间位置。

$$\varepsilon_j = \sum (t_j - t'_j)^2 - w(d_j - d'_j)^2 \tag{4-3}$$

式中，w 表示加权因子；d_j 和 d'_j 表示第 j 个检波器的方位角；ε_j 为台站 j 的走时和方位角的最小二差值。一个很重要的考虑是控制定位由时间或方向约束的程度的加权因子，此加权因子取决于每个属性的相对置信度。最优加权因子可通过方向变化统计量与波至时间变

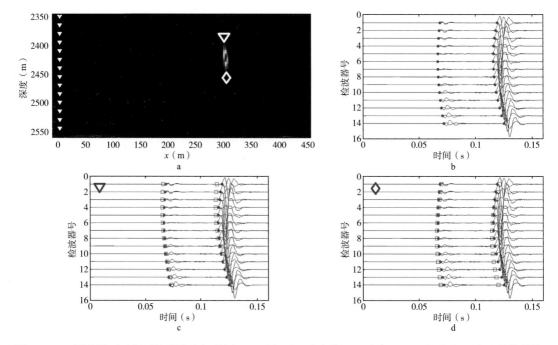

图 4-11　a 图为波至时间反演误差空间绘图，显示相对于真实位置（白色星星）的均方根残差的等值线。
　　　b 图为均匀速度模型合成地震记录和拾取的波至时间。图 c 为模型波至时间（方块）叠合在真实
　　位置之上两个位置的记录。图 d 为低于真实位置的记录（图件由卡尔加里大学 Jubran Akram 提供）

化统计量的比值来估算。这种广义最小二乘解可用于确定任意观测系统的微地震位置，包
括水平阵列和多井阵列。如果可以在单个检波器上确定波至时间和可能方向，这种方法也
可以用来处理地面阵列和近地表阵列记录的可见事件。

二、相干扫描

　　相较于波至时间反演，另一种方法是扫描离散的位置，从而发现与正演模型波至时间
和极化一致的测试扫描源的空间位置与发震时刻。这种类型的处理方法有时称为波束扫描、
克希霍夫偏移、叠加能量扫描分析或震源成像（Auger 等，2010；Bardainne 等，2009；
Drew 等，2005；Duncan 和 Eisner，2010；Fuller 等，2007；Haldorsen 等，2012；Leaney，
2008；Ma 等，2012；Rentsch 等，2007）。这些方法可以在已检测到的信号上运行或根据连
续数据流进行计算，以便对微地震活动进行检测和定位。连续计算扫描使实时事件处理得
以实现。

　　通过沿预测时差排齐检波器对原始信号或一些预处理信号进行叠加，叠加能量在测试
扫描波至时间之后的确定时窗范围内。扫描可能的位置网格及发震时刻并计算视叠加振幅，
如果存在信号，即可得到一个明显的峰值。依照某些检测准则，最大叠加响应点被视为震
源位置（图 4-12）。概念上，叠加响应可视为空间和时间域内存在微地震的概率图。扫描
检测最大叠加响应是否高于某一临界水平，这与上文所述的单站检测方式相同。一般情况
下，因为微地震震源机制可能导致沿整个阵列具有不同初动信号，因此，信号需要预处理。

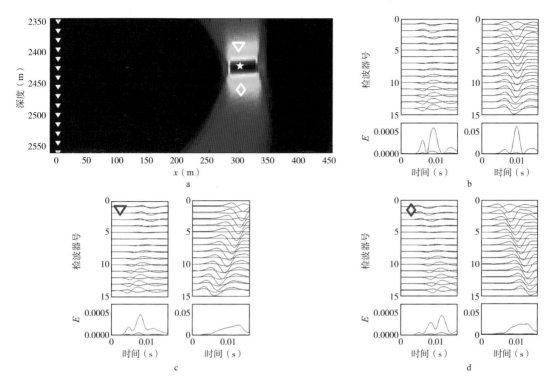

图 4-12　a 为图 4-11 所示相同情况下的叠加能量等值线，白色星星表示真实位置。b 至 d 为针对
a 图内的不同位置显示的四个波形图。其中纵波（左上方）和横波（右上方）按照每个位置的波至
时间进行了排齐和叠加（分别为底部左侧和右侧）
b 显示叠加能量在真实位置最大，真实位置如图 a 中的星号所示，在此，震相恰好排齐使叠加振幅实现了最大
化。c 和 d 分别说明，对于上部位置（三角形）和下部位置（菱形）而言，震相在整个阵列没有对齐，减少了叠加效
果。注意，利用不同算法或通过增大阵列孔径可以使叠加能量异常压缩的更集中（图件由卡尔加里大学的 Jubran
Akram 提供）

　　如果在叠加过程中将信号直接加在一起，当极性相反时会相互抵消。其中一种解决方
案是使用信号包络函数叠加避免极性倒转（Drew 等，2005）。其他方法包括在震源扫描过
程中同步搜索震源机理和事件位置，从而将极性变化考虑进去（Chambers 等，2013）。这
种叠加方法的一个优势在于单一检波器上信号没有强于背景噪声而达到可见时，可以通过
增强信噪比（S/N）到叠加检波器数量平方根的理论最大值来检测和定位。
　　可以进行二维扫描，然后通过矢端图分析对震源进行定位（像二维波至时间反演那
样），而这适合于垂直监测阵列。而对于更通用的阵列观测系统可以采用三维扫描，通过对
旋转到期望极化方向的记录进行排齐来计算震源位置，期望极化方向为给定扫描位置的模
拟射线路径方向。依据给定震相波至的合适的波至时间和极化角，通过波场排齐可以对纵
波或横波进行扫描。另外，通过每个单独震相叠加的组合可以实现多震相处理，可能要求
符合某些震相关系准则，例如，纵波和横波之间为正交偏振。
　　估算叠加响应的不确定性会是个挑战。可以假定用最大似然法进行严格的统计学评估。
这种不确定性也会与叠加函数最优化和原始数据质量有关。也有实用的解决方案，如利用

叠加函数的局部化程度（脉冲化程度），可以采用该叠加成像最大值50%以上的延伸范围作为不同方向上不确定性的相对度量。这样做的好处是，可能存在偏移假象的方向将纳入误差椭圆之中。尽管此误差椭圆对于确定不确定性的方向性很有用，又为事件对比提供了相对不确定性，但是，这种不确定性并非最小二乘法波至时间反演的协方差分析所提供的严密的统计学不确定性。一种选择方案是用一种约束扫描时差的自动拾取方法，定量化波至时间残差用于协方差分析，或者假定一些数据不确定性估值。

三、其他方法

由于扫描是一个完全自动化的过程，有时会导致错误的分析结果，例如，在信噪比（S/N）低的情况下，一个瞬时噪声脉冲串会使求解发生偏差。如果多个微地震事件短时间内相继发生，则可能会伴有单个事件之间震相叠置的问题。这时最好进行人工干预，可以抽出正确的震相进行扫描，或用人工波至时间拾取代替扫描结果。也可以采用将自动扫描和人工波至时间反演结合使用的混合方法。

全波形反演对于微地震处理来说是一种有效的方法（Kim，2011；Song 和 Toksöz，2011）。通常情况下，求解事件位置和和震源机制采用网格搜索法通过合成地震波与记录地震波匹配来实现。该方法很稳健，利用全波形约束震源位置。各种研究结果表明，信号的高频分量很难匹配，分析往往限于信号的低频部分。不管怎样，因为要求解全弹性合成记录波形，处理通常需要很大的计算量。该技术一般用于后处理，而且往往作为一种震源表征技术。和扫描法一样，不确定性分析也不能直接进行。逆时成像法也可用来构建震源图像（Artman 和 Witten，2011）。

最后，互相关方法可用于估计微地震位置。具有大振幅信号的相对较强的微地震事件可以作为主事件。接着，互相关可以找到波形特征类似的振幅较小的弱信号作为主事件。该方法用来检测类似事件很有效，也能够确定相对于主事件的事件位置（可参考下文描述的双差法）；然而，也可能由于没有识别到不同于选定主事件的事件而造成检测的偏差。这种方法的变种是通过可视化排齐具有类似信号特征的事件的波至时间来改善微地震事件之间的相对拾取精度。图 4-13 显示的是棉花谷项目的一个改进的实例（Rutledge 和 Phillips，2003）。

在将这些定位程序应用于不同采集观测系统时，必须考虑各种不同因素。井下数据，不管是通过直井、水平井还是通过多井采集，都可采用波至时间反演或扫描方法进行处理。通常，波至时间反演依赖于人工拾取时间，所以，劳动强度很大，而且波形解释可能有主观性。在检测到大量微地震信号时，可通过以某种形式抽取事件检测数据集来限定处理工作量。也可以通过波至时间自动拾取，但此方法并不总是可靠，尤其在检波器逐个分别拾取时。不管怎样，自动拾取能够使实时处理更容易实现。根据拾取的全面性和精确度，波至时间反演可提供更加准确的数据集并给出正式的误差估计。

扫描本质上是一个自动化过程，是可重复的，也是数据驱动的，所以往往更加客观。在处理大量微地震信号方面也更加有效。尽管选择性人工拾取对于验证很有用，对于完整数据集的自动化实时处理，扫描更为有利。地面数据和近地表数据往往采用扫描方法处理，对于远离目标区排列单检波器事件检测时固有的低灵敏度，扫描使得叠加信号事件检测有

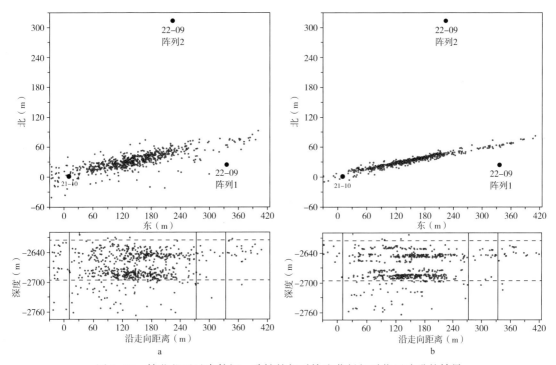

图 4-13　棉花谷通过事件间一致性的相对拾取获得相对位置改进的结果

a—通过事件单独拾取得到的原始结果；b—采用相对拾取获得的更准确的结果。注意增大的聚集度和聚焦特征更清
楚的特点（据 Rutledge 和 Phillips，2003，图 9 和图 10）

利于克服这些问题。地面排列使用的相对较大的阵列孔径和较多的检波器数量特别有利于扫描方法。然而，如果噪声正巧叠加在一起，扫描方法可能会得到错误触发的微地震事件。由单分量垂直检波器组成的阵列一般仅使用纵波波至进行扫描。对于地面上检测到的较大事件，如果信噪比足够大，可以从各个检波器上拾取波至时间，也可以采用波至时间反演，但也有一些注意事项，就像前面将扫描算法应用于井下阵列时强调的一样。

第六节　定位置信度和质量控制属性

微地震定位是所有微地震应用的基础，因此，定位正确性是数据解释的基础。在报告微地震位置的同时，也报告用来量化求解精度和置信度的属性是非常重要的。由于各微地震事件之间的震源强度和振幅是变化的，所以信号质量和信号置信度随事件的不同而不同。这些质量控制属性为选择具有最高置信度和在完整数据集中选择最准确的部分提供了可能性，以此评价位置不确定性对水力压裂解释的影响。

定位不确定性存在多个方面（Pavlis，1986），其中包括监测井或作业井和检波器位置的潜在系统误差。井中观测涉及计算井轨迹，需要将沿井筒方向测量的井筒位置进行投影，这样，测量误差往往沿井筒方向会逐步积累，结果导致井末端的位置不确定性较大。正演模型或定位技术带来的潜在算法误差是误差的其他可能来源。然而，假定这些重要方面确信已知，那么，这些固有误差源往往被忽视。在处理方面，正确程度可以量化为以下 3 个方面：

（1）精确度：与数据不确定性相应的微地震定位相对不确定性；

（2）精度：与速度模型不确定性有关的潜在系统性不确定性；

（3）模糊度/非唯一性：多个与记录地震波相匹配的位置。

如上文所述，各种处理方法采用不同方法量化不确定性椭圆。通常情况下，椭圆体表示精度和位置不确定性与数据不确定性有什么关系（图 4-14）。量化定位对速度模型不

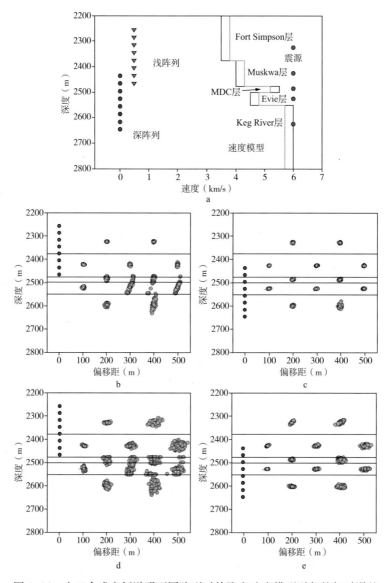

图 4-14　人工合成实例说明不同阵列时拾取和速度模型引起的相对误差

a—基于霍恩河盆地构造的速度模型用于产生理论波至时间。不同波至时间扰动的蒙特卡罗位置模拟图；b—采用的是浅部阵列；c—采用的是深部阵列。不同速度模型振动的蒙特卡罗位置模拟图；d—采用的是浅部阵列；e—采用的是深部阵列。注意，较深阵列结果弥散较小，因此在波至时间和速度模型的扰动时位置精度更高（据 Maxwell，2010）

确定性的敏感度不太常用。尽管速度模型可以使用观测炮数据校准，模型不确定性某种程度上仍然存在。例如，微地震可能定位在校验炮射线路径未经过的区域，如位于作业井之下。速度模型的不确定性可能限制精确模拟信号时差的能力，因此，在最佳位置匹配时仍然残存有视速度误差。这样，波至残差或扫描叠加成像在某种程度上可以诊断速度模型误差。然而，震源位置相对于速度模型往往是非线性的，很大程度是因为各层速度的不确定性是可变的（图4-14）。速度敏度性分析是用于量化潜在的定位精度的一个很方便的方法。最后，定位潜在的模糊度也是一个可导致微地震错误定位又总是不经常研究的因素。速度模型和数据不确定性研究可能部分围绕可替代或非唯一位置，但模糊度方面往往难以量化和传达。非唯一解可能因震相的错误解释引起（折射相位或反射相位与直达波混淆），或有时可能源于临界折射路径。在临界折射路径内，多个震源位置可能在检波器位置产生相同的射线路径。

定位置信度的另一个方面与信号质量有关。大多数检测到的微地震事件往往是振幅低的弱信号。低振幅信号（信噪比低）给处理中使用的微地震道属性带来更多的不确定性（Maxwell，2010）。无论采用什么样的处理方法或什么样的采集系统，低信噪比信号的波至时间置信度较之高信噪比信号会降低。然而，井下微地震数据与地面数据的处理差异也存在与信噪比有关的特定误差问题。

通常情况下，处理井下数据依赖于极化分析，低信噪比信号往往使其具有更大的不确定性。例如，如果相干噪声很显著，定向不确定性就会增大；如果噪声沿不同方位极化，就可能使信号矢端图发生偏差。具有显著的固有非极化噪声的低信噪比微地震活动增大了矢端图的不确定性，因此，对于极化精度来说，信噪比是一个重要的保证质量的道属性。然而，单一的信噪比测量不足以量化资料质量，特别是使用纵波和横波时（Maxwell，2012）。可以定义一个置信度因子，用于量化整体道的质量，同时考虑纵横波信噪比，波至时间残差，以及极化一致性（图4-15）。这样的话，此置信度因子既量化原始道质量也量化信号特征与优质微震信号的匹配程度，此时，微震事件应具有清晰的纵横波、每一震相的一致性的极化与合适的时差。置信度因子的各单项指标分量，加上补充的属性，也可以用来量化数据质量，例如，纵横波极化的正交性是信号质量的一项有用属性。当存在多震相波至时，正交性可用来选择具有纵横波正确相关性的优质数据。

信噪比对地面处理和近地表处理的影响也很重要。对于信噪比高到足以在各个检波器上识别出信号的可见事件，信噪比对波至时间精度具有同样的影响。如果就像通常处理地面数据一样仅仅处理纵波，单一信噪比度量就足够了。然而，如果像井中监测一样用横波或方向性信息来约束位置，置信度和正交性度量因子是有用的质量控制属性。当用扫描来叠加信号从而检测单个检波器上不可见的事件时，信噪比成为更重要的方面。在这种情况下，扫描的信噪比可以作为叠加能量是真实的微地震事件而不仅仅是一个瞬态噪声信号的置信度度量来定性地观察。尽管单个检波器的信噪比可能远小于1，假定在理想情况下，可以由扫描信噪比利用$\sqrt{N}$的关系对叠加信噪比进行估算。估算出的检波器信噪比可以与实际信号的信噪比进行对比，以此检查信噪比异常大的特殊检波器。这种大的信噪比可能对应不相干噪声突现，导致扫描错误地检测出微地震事件。

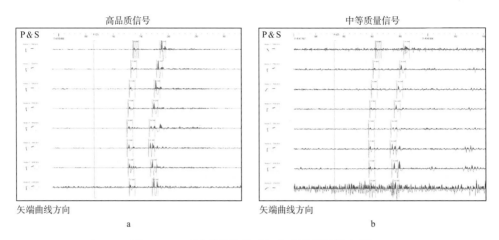

图 4-15 不同质量信号及相应质量属性的实例

a—优质信号具有以下特征：纵波（蓝色）和横波（红色）信噪比（S/N）都高，整体信噪比高于 10，方向和时差一致，纵横波正交，具有大约 0.9 的高正交性（给出大约为 4.5 的高置信度系数）。b—中等质量信号具有以下特征：整体信噪比中等，纵波质量中等（蓝色），横波质量良好（红色），整体信噪比中等，大约为 6，方向有变化，时差一致，纵横波方向有变化，正交性中等，大约为 0.5（假设中等置信度因子为大约 2.5）（据 Cipolla 等，2011，图 2。获 SPE 版权使用许可）

无论采用哪种采集观测系统，对关键事件进行波形目视检查，核对微地震位置，常常会获得丰富的信息。通过检查原始事件集的特征，可确保获得微地震位置的趋势。高质量（S/N 或置信度系数）地震道可用来验证信号相位的解释，例如，是否存在临界折射首波和直达波，是否在旅行时计算中得到了正确区分和模拟。也可比较具体信号之间的微地震位置趋势，验证位置差异是否与观察到的时差顺序和信号极化一致。最后，信号特征的特定方面，如反射波或首波的存在，可以用来确定事件是否位于速度模型内的适当区域。经常使用合成地震图确定各相位的正确走时，来改善对这种信号复杂性的验证。

第七节 处理质量控制与检查

因为微地震位置是水力压裂解释的起点，准确结果和不确定性定量化极为重要。水力裂缝图像的解释包括确定微地震事件位置样式并推断裂缝形状。因此，为了避免错误解释，了解是否位置分布与采集观测系统与处理有关非常重要，包括可校正的假像或项目观测系统固有的采集脚印。处理假像的一个实例是定位点排齐到 LUT 的网格点或落在 LUT 边缘并可能进一步向外分布。这两种情况通过调整 LUT 都可以纠正。处理假像的其他实例包括关于井下监测时的事件位置镜像、首波与直达波混淆导致的错误定位，以及与速度模型误差相伴的在某一口监测井周围对称分布的异常事件位置（如 Cipolla 等，2012）。就像井中阵列记录旁边小振幅事件时会出现偏差一样，沿公共最大位置不确定性方向延展的事件位置是处理脚印的一个实例。微地震云可在特定方向按照与位置不确定性成正比展开，因此这将是第六章微震图像解释要进一步讨论的重要方面。

某些情况下，假像和脚印之间的区别可能不会马上显现，例如，沿速度模型界面排齐的事件可能被误以为遇到隔层，但它们也可能是与阵列几何结构、速度模型有关的采集脚印，或可能是走时反演陷入局部极小时错误定位造成的处理假像。

由于很多不同的处理算法和工作流程用于处理微地震活动，因此，非常令人遗憾，试图列出所有可能假像或脚印是不现实的。尽管如此，微地震位置置信度某些方面和潜在采集脚印的影响仍取决于监测的排列配置。正如下面所述，特定处理挑战是由微地震波场的部分采样和与各种监测排列配置相伴的信号特征所带来的。

一、垂直阵列

井下监测会产生与距离相关的固有偏差。即近监测阵列记录到的弱事件更多。灵敏度偏差脚印可能会导致视裂缝几何形状不对称，这个问题将在第六章进一步讨论。由近垂直阵列处理得到的微地震位置最大不确定性方向往往是根据矢端图分析得到的方位角。如上所述，绝大多数微地震事件往往具有低信噪比，因此偏振方向相对不确定。这种角度不确定性导致震源到阵列距离越大，沿方位方向产生的位置不确定性越大。选择置信度较高或信噪比较大的事件是抵消此影响的实用解决办法。此外，信噪比低的事件也可能由于在解决前述180°多解性所需要的射线倾斜角准确度上面降低而将事件错误定位在井的另一侧。

二、水平阵列

尽管与垂直阵列监测相比，水平阵列精度上有时存在问题，使用水平阵列进行微地震监测还是越来越常见了（Maxwell 和 Le Calvez，2010）。就垂直阵列而论，波至时差约束微地震事件的深度，可以得到准确的深度，尤其是在检波器跨越微地震震源上下深度范围时。相对应的是，水平阵列依靠矢端图倾斜角确定事件深度。这样，在震源到检波器距离类似的情况下，会产生更大的不确定性。与水平方位角的方向极化相比，垂直倾斜角矢端图分析的极化都不太好，因为不同相位之间存在干扰（直达相位、反射相位和折射相位），每种相位都具有不同的倾斜角。此外，速度模型的不确定性在矢端图确定的倾斜角向震源外推时会导致射线路径不准确，尤其是当射线穿过阻抗很大的地层界面时更为明显。由于相应的矢端图的不确定性，低信噪比事件往往不确定性更高。这两个因素结合在一起，所产生的深度估算结果对于特定炮检距相对更加不确定。然而，正如第三章所提到的，水平监测使我们有机会接近目的层监测。这会使检测的灵敏度更好，同时也缩小了潜在的监测位置偏差。这种非常接近的监测比采用较远的垂直监测方式精度更高。

三、多井阵列

多井监测是另一种越来越普遍的现象，尤其对于水平作业井。沿水平井整个长度的所有压裂段都需要最接近的观测井时可能需要多口监测井，以便每口监测井覆盖部分压裂段。而对于多个阵列都可同时采集到的强事件，可以利用每口井进行联合定位。多井联合定位主要通过走时约束，因而对更易于出错的矢端图数据的依赖性减少，通常比单井求解的定位精度有所提高（图4-16）。由于多井定位对位置过约束，系统性误差往往会互相抵消，因此系统性的单井定位误差往往会减少。更准确的多井定位与水平监测井尤为相关，这时可用额外的水平或垂直阵列补充监测进而改善定位精度。不考虑多井采集的几何形态因素，微地震数据集中会有部分事件仅在全部阵列的一部分被检测到。这可能引起不同组事件之间与阵列有关的偏差会不同。因此，处理不同事件时确定所用监测阵列的局部范围是非常重要的。

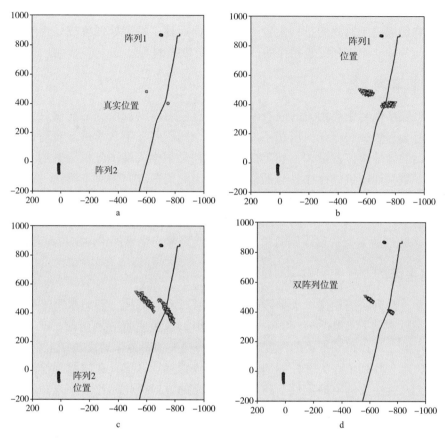

图4-16 蒙特卡罗模拟的与各种单井双井阵列位置有关的相对误差展示的人工合成实例

a—两个近垂直阵列位置以及假定的微地震位置几何关系；b—阵列 1 单井定位显示；c—阵列 2 单井定位显示；d—双阵列定位，双阵列定位更准确，但仍存在与井轨迹接近正交的位置不确定性（据 Maxwell 等，2009）

四、地面阵列和近地表阵列

对于地面类阵列监测，深度估计往往在最大定位不确定性的方向上。如果检测出校验炮为允许确认模型正演波至时间的可见事件，那么深度精度将会明显提高。然而，即使同时激发许多射孔弹的相对强大的炸药震源，能量也会检测不到（Chambers 等，2013）。在这种情况下，速度模型不能得到校验。对于井中采集，速度模型未标定会带来定位误差，而且还可能制约叠加质量，因而制约事件检测质量。深度不确定性也可以通过在处理中利用横波加以改善，横波有助于约束炮检距进而约束阵列以下深度。另外，可对定位算子加以约束，使微地震活动定位在假定的区域。对于各个检波器上不可见且仅能通过叠加才能检测到的低信噪比事件，伪噪声记录有可能会被当做弱事件错误地触发。信噪比及其在整个阵列的分布是表征检测到事件的置信度的重要属性。

就井下阵列和地面（及近地表）阵列的脚印差异而言，通常情况下，地面阵列采集小震级事件时灵敏度较低，但其灵敏度和定位的不确定性却更均一。而其深度不确定性往往更大。地面采集脚印的影响见图 4-17 中的实例。

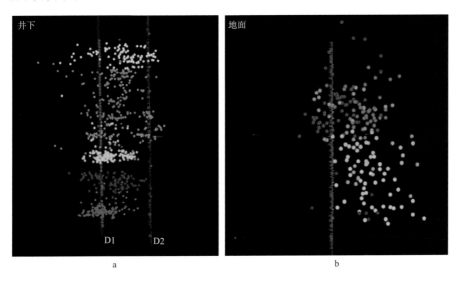

图 4-17　某直井多级压裂改造图（剖面图）

a—井下阵列；b—地面阵列对比图。注意，与井下数据相比，地面监测的事件较少，存在采集脚印且深度弥散较大（据 Mohammed 和 Miskimins，2010，图 4。获 SPE 版权使用许可）

从监测的观测系统、速度结构，以及数据质量和数据特征来看，每个项目都是独一无二的，因此，每个项目都需质量控制和质量保证方面的检查。下面列出了一个问题清单用来识别有时可能遇到的处理缺陷和问题。

（1）各井是否在正确的地理参考系内？

（2）是否使用了相应的速度测量成果？

（3）速度模型在地质上与实际相符吗？

（4）校验炮是否记录到了优质信号？

（5）速度模型标定结果符合实际吗？

（6）高质量校验炮是否正确定位？

（7）是否存在强背景噪声，它在整个监测过程中变化吗？

（8）是否检测到了优质微地震信号？

（9）微地震相位是否得到了正确解释和模拟？

（10）微地震定位合理吗（即微地震位置是否始于射孔处并符合逻辑地随时间展布）？

（11）微地震活动是否发生在校验后的体积内？

（12）低质事件的位置是否与优质事件位置一致？

（13）位置走向可以用波至时差或首波的出现等波形特征验证吗？

（14）位置走向可以用震源机制或已知断层或裂缝验证吗？

（15）存在可疑处理假像吗？

（16）存在值得怀疑的速度模型假像吗？

有时可能会比较两个或更多处理结果。如实时处理结果和后续重新处理结果比较，或由不同处理员、处理算法得到的结果比较，或不同阵列如井下阵列对比（Hayles 等，2011；Johnston 和 Shrallow，2011）、地面与井下阵列对比（Diller 和 Gardner，2011），以及地面与地面阵列对比（Grandi Karam 等，2011）。尽管对比可以通过目视检查、定性地进行微震成像对比，但是往往需要进行更详细的定量比较，以便评价成像差异的原因。除前面列出的问题之外，下文列出了定性对比或定量对比应考虑的一系列细节：

（1）用来处理每幅图像的阵列一致吗？或者，需要考虑采集脚印吗？例如，如果对比地面和地下或多井和单井定位结果，采集脚印的差异、数据组合差异和工作流程差异都必须考虑。

（2）报告事件的数量差异与检测参数的差异有关系吗？检测级别的微小变化可能导致检测事件数量的显著差异。尽管事件数量是一个非常有说服力的属性，但是，事件数量是一个主观的属性，并不一定与微震成像的质量有关或代表水力压裂裂缝。信噪比低的事件可能具有非常大的位置不确定性。相关事件比率可能是一个较有意义的衡量标准。

（3）速度模型一致吗？在地质上和地球物理学上有关吗？如果存在优质校验炮，可以对比计算位置，以评估相应的速度模型。

（4）采集细节和补充数据编目清楚吗？输入数据的不确定性显然可能导致不经意的处理差异。

（5）怎样对比数据的整体质量？如果仅采集到了低质量的信号，整个微震图像将具有相对较低的置信度。

（6）优质信号事件结果如何对比？这类事件将具有最大的置信度，并且如果可以识别共同事件（理论上使用普通事件发震时刻），在位置不确定性范围内，位置应该一致。如果存在波形和拾取，可以进行信号解释对比差异。

（7）差异对解释结果有影响吗？不同结果可能是不确定性的一个指示，尽管共同方面可以提取出来且对工程解释很有好处。

第八节 附 加 处 理

单一事件定位时基本走时反演的扩展（见上文的走时反演部分）包括使用双差法获得的事件组的相对位置（Waldhauser 和 Ellsworth，2000）。使每个检波器上各事件之间的走时残差最小化是该方法的基础，使用相同编目中拾取走时残差用于原始绝对定位，或者通过互相关获得可能改善的拾取。该方法的主要优点是在走时残差中消除了沿炮检路径方向非均质性产生的对邻近事件的共同影响。这使波至时间更加准确并且事件之间相对位置的精度也得到了改善。这些相对位置的绝对位置与单一事件的原来定位精度相同，但相对精度提高有助于说明事件云内的结构。相对位置产生的微地震云可能更加紧凑，产生的独特结构的图像分辨率更高。相对位置的一致性也可以用来（背景是作为双差处理的一部分确定的相对走时）确认绝对定位处理获得的原编目内定位的相对意义。

另一种波至时间反演变种涉及同时反演震源位置和更新速度模型（Maxwell 和 Young，1994；Zhang 等，2009；Zhou 等，2009），即局部地震层析成像。这些方法已经在根据天然地震数据、开采诱发地震活动以及石油天然气微地震活动对地壳结构成像方面得到了成功应用。然而，定位需要用阵列观测系统过约束来为速度模型反演提供良好的视速度。例如，从理论上，多井或地面与井中联合监测能够恢复速度模型信息。也可进行衰减结构成像（谱比法、尾波或高频衰减法），这有助于计算准确的震源参数和机制。由此得到的地球模型可用于提高处理精度，并可能反映地层结构，包括与压裂有关的随时间的变化。

横波分裂现象研究有可能用来研究已存在裂缝的方位和密度（Teanby 等，2004）。可以测量快慢横波时差并进行模拟来评价已存在裂缝的特征。也可以用裂缝顺度来估计与应力变化有关的裂缝闭合。

可以使用一种称为"压扁"的定位置控制技术来减小与位置不确定性有关的微地震活动的弥散程度（Jones 和 Stewart，1997）。"压扁"方法让事件定位在误差估值范围内移动到增大局部群集的点上。这些位置在允许误差范围内仍然与原来的位置或最佳估计位置相容，但提高了在微地震定位范围内识别结构和岩石改造体积估计的能力。

最后，可以利用微地震发育特征估算水力扩散率（Shapiro 等，2006）。一般情况下，绘制事件与井距离相对于时间增长的曲线图，可以模拟微地震活动前缘的生长和速度（Grechka 等，2010）。这对识别依据视速度（即流体从井筒移动到微地震位置）判别与注入水力有关的微地震活动活化的应力来说不失为一个有效方法。

第五章 微地震形变地质力学

　　水力压裂现象是一个复杂的地质力学过程，部分涉及微地震形变的产生。第二章描述了与产生单个拉伸分割面的单一水力压裂的最简单情形，以及以不同方位多裂缝与已存在裂缝相互作用构成的更加复杂的地质力学系统有关的应力和应变。

　　微地震源和检测到地震波的发射是水力压裂裂缝网络完整地质力学形变的某些方面的表达。可以分析特定信号的属性，对微地震源产生相对应的同震裂缝形变进行震源特性描述。地震信号的振幅特性与微地震事件的震源强度或震级有关。频率成分可能与滑动持续时间有关，因而与震源半径或滑移面积有关。也可以估计应力释放和能量输出等其他方面。最后，可以使用相对振幅的方向性、辐射花样和初动研究微地震的震源机制，包括破裂模式（即拉张或剪切形变）、裂缝面方位和主应力导致的破裂。

　　显然，除了位置信息以外，还可以从微地震信号中提取很多信息，并用于研究水力裂缝。但是，理解将微地震形变与水力压裂裂缝形变联系在一起的动态岩石物理学是了解微地震震源机制潜力的关键。这种认识为解释微地震震源特征提供了必要的地质力学背景。

第一节　震源参数

　　震源参数是通过将位移谱与震源模型进行拟合计算而得到的特征，用于表征微地震震源的各个方面（有关震源参数的详尽讨论，参见 Gibowicz 和 Kijko，1994）。震源参数包括地震矩（可用来估计震源强度的矩震级）、震源滑移半径、应力释放、能量输出和视应力。通常情况下，采用剪切源经典 Brune 模型拟合远场位移谱（图 5-1），位移谱可在时间域或频率域内通过求取质点运动速度（地震检波器记录）的积分或求取加速度的二重积分来计算。检波器记录的电压值首先必须通过对信号放大和传感器灵敏度校正使其成为真实的地面运动参数。应根据传感器传递函数对记录进行反褶积，以减小潜在信号失真。理论上，应考虑完整检波器或采集系统的传递函数。令人遗憾的是，综合布设系统的机械耦合和物理响应一般是未知的。

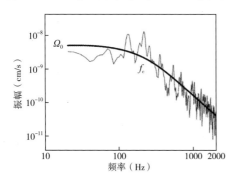

图 5-1　拟合到位移谱的震源参数模型
据 Fehler 和 Phillips，1991，美国地震学会公告

　　还需要对传播路径方向的振幅变化进行校正。首先使用估计的质量因子 Q，根据离开震源传播路径上的距离对观测数据频谱的衰减进行校正，然后用无衰减震源模型直接拟合。平均 Q_P 和 Q_S 值表示的衰减难以估计。理论上应使用层状衰减模型，但层状衰减模型更难以获取。作为对频谱（往往过分强调高频）衰减校正的替代方法，衰减源模型（Abercrombie，1995）也可以与原始频谱直接拟合，即

$$\Omega\ (f)\ =\frac{\Omega_0 \mathrm{e}^{-\pi ft/Q}}{\left[1+\ (f/f_c)^2\right]} \tag{5-1}$$

式中，Ω_0 指低频平稳值；f_c 表示转角频率（图 5-1）。作为震源强度量度的地震矩 M_0，可根据低频曲线平稳段进行估计，即

$$M_0 = \frac{4\pi\rho c^3 R\Omega_0}{F_c} \tag{5-2}$$

式中，ρ 是密度；c 是模拟震相的速度；R 是从震源到检波器的距离；F_c 是辐射花样。如果震源机制未知，通常应采用以下平均辐射花样系数：$F_\alpha = 0.52$，$F_\beta = 0.63$（Boore 和 Boatwright，1984）。震源滑移半径可以根据转角频率 f_c 估算，即

$$r_0 = \frac{K_c \beta_0}{2\pi f_c} \tag{5-3}$$

式中，K_c 为依赖于模型的常数；β_0 是震源位置上的横波速度。经典 Brune（1970）模型假设某一圆形区域的瞬间剪切滑移产生了一个震源的圆形区域，这里 $K_S = 2.34$。Madariaga（1976）提出了一种替代性震源模型，假定为动态剪切滑移模型。它具有滑移速度与横波速度相近的方向性特征，震源半径相关的 $K_P = 2.01$ 和 $K_S = 1.32$ 为其平均值，其震源机制未知。Madariaga 模型会导致较小的震源半径估值，该模型似乎与地下采矿时滑移的直接观察结果更一致。假定应力降（定义为与滑移有关的应力改变）为完全的应力释放，可以根据经典的 Brune 模型进行估算，即

$$\Delta\sigma = \frac{7}{16}\frac{M_0}{r_0^3} \tag{5-4}$$

　　震源强度的标量地震矩度量可以根据下式用滑移特征表示，即

$$M_0 = \mu A d \tag{5-5}$$

式中，μ 指剪切模量；A 指滑移面积；d 指滑动位移量（图 5-2）。面积和位移的乘积（也称为地震势）代表形变体积，因此是一个比较明显和直接的物理测量值。然而，地震矩是震源强度最常见也最稳健的计量值，而且是在物理上可定量化的形变测量值。根据 Hanks 和 Kanamori（1979）的正式定义，矩震级 M_W 可以用 M_0 来计算，即

$$M_W = 2/3\lg\ (M_0)\ -6 \tag{5-6}$$

此公式从较大的构造地震到小幅度微地震活动的各种尺度情况下都适用。

　　另一类震级估值使用局部震级（M_L），包括著名的里氏震级（Richter，1936），根据以

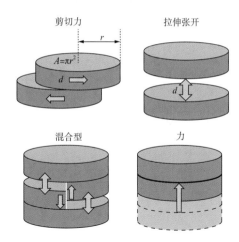

剪切力　　　　　拉伸张开

$A=\pi r^2$

混合型　　　　　力

图 5-2　不同破岩模式示意图，包括剪切
破坏的震源参数和属性描述

下形式的地震振幅的经验关系式定义，即

$$M=\lg A+B\lg(R)+C \qquad (5-7)$$

式中，A 指观测振幅；R 指炮检距；B 和 C 为常数，取决于所使用的标定尺度。原来的里氏震级试图避免负数震级值，尽管现代记录系统的灵敏度提高了，灵敏的井下采集导致负震级出现在常规检测中。在某个特定震级范围内，矩震级尺度与里氏震级一致。

与表示震源强度的震级或矩的测量不同，烈度（修正后的 Mercalli 地震烈度）量化了地震的抖动和潜在影响。一般水力压裂带来的小震级的微地震活动（$M_W<0$）与仪器检测的最低烈度等级对应，一般感觉不到。

首选微地震活动震源强度估算值是矩震级，因为它在不同尺度上具有一致性，可与物理性质关联。经正确计算产生的震级估算值就可在项目内或不同地点的不同项目之间进行微地震的对比。围绕与水力压裂和长期地下注入有关的诱发地震引起了越来越多的环境关注，因此，了解震级估算值日益重要。以下参数列表与一致性的震级估算有关：

（1）从检波器输出（电压）到地面运动的适当换算；
（2）用于确定特征谱参数 f_c 和 Ω_0 的足够频宽；
（3）明显的信噪比，尤其是低频信噪比；
（4）具有稳定的低频记录能力；
（5）无畸变、未限幅信号；
（6）衰减校正；
（7）对震源机制和辐射花样的充分认识或对平均辐射花样的稳健校正；
（8）稳健的算法；
（9）明确定义的震级；
（10）远场接收记录。

震级的一个方面是估算中所使用的辐射花样修正。震源机制往往是未知的，因此，通常使用平均辐射花样。特别是仅使用单震相（横波）对井中阵列估算震级时，平均辐射花样很可能对辐射估计过高或过低（图 5-3）。然而，如果分别用纵波和横波计算震级，然后取其平均值，那么，与未知辐射花样有关的误差往往会得到补偿，因为一种震相的节面与另一种震相的最大值对应。如果该机制的平均辐射花样包含明显的非剪切分量，也会带来误差（Jiao 等，2013）。

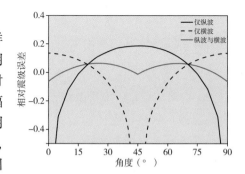

图 5-3　如果仅使用纵波、仅使用横波
或某一组合进行计算，平均辐射花样
校正导致的相对震级的计算误差
与剪切裂缝面的相对关系图

不同震级微地震活动的出现频度也是微地震事件分类的一种有用且常见的分析方法。微地震活动的频度-震级特征与构造地震一样遵循同样的通用幂律关系。通常用里氏古登堡关系式表示，即

$$\lg N = a - bM \tag{5-8}$$

式中，a 是相对活动率；b 是定义斜率的重要参数。固有活动率与第三章描述的设计研究特别相关。b 值也是一个非常有用的参数，可使用最大似然估算计算（Aki，1965）。b 值可以与震级一起在水力压裂过程中用来区分断层活动，这一点将在第六章详细描述。总的来说，震级是一个特别有用的属性，可以用来对比微地震震源强度，表征潜在采集偏差和灵敏度。

第二节　微地震和水力压裂形变的关系

微地震信号分析提供关于与水力压裂形变有关的微地震发射的重要信息，这些信息不仅仅是发生时间和位置，还包括组成微地震活动的单个断裂和破裂的方位、强度和物理维度。然而，一个重要方面是除了微地震形变外还发生慢地震形变（Maxwell 和 Cipolla，2011）。慢地震形变定义为在无相应观测地震活动的情况下发生的形变。在构造研究中，慢地震运动往往归因于蠕动等与相对快速的脆性微地震过程形成对照的缓慢可塑性过程。尽管也已检测到更类似于瞬时地震的慢地震，蠕变可以看成是一种连续的运动。然而，发生形变的时间尺度超出了传统的仪表设备的度量范围。除水力压裂形变的微地震成分之外，慢地震形变可能包括振幅被淹没在背景噪声下的小震级事件。此外，典型的微地震设备既检测不到与小断裂面相关的高频形变，也检测不到采集仪器频宽以外的慢的持续时间和低频的运动。

在水力压裂过程中，注入压力为裂缝的产生、发育和扩大提供了驱动力。压力具有与水力压裂时间相当的时间尺度。在注入时间段内发生的压裂形变可通过用来采集水力压裂作业过程中极小地面应变的测斜仪检测到。这些形变太慢，使用传统井下地震设备检测不到。

如第二章所述，水力压裂被认为主要是一个拉伸过程。岩石倾向于具有低的拉伸强度，所以与原岩压裂有关的形变往往很弱。一旦有一条裂缝出现，裂缝扩大和裂缝面之间的接触减少，也往往致使裂缝变弱，并随时间推移减小了地震能量。正如前面提到的那样，裂缝扩大是一个随与注入周期相当的时间尺度发生变化的缓慢过程。通常（尽管并非总是如此），微地震信号包含的横波信号的振幅比纵波更大，表示主要为剪切源。因为增压流体正在注入裂缝系统，预计裂缝会有少量扩大，震源机理会包含一个拉张分量。以剪切为主的压裂裂缝有少许拉张（注入完成后或开启或闭合），仍然与较大的横波振幅相一致。

微地震形变相对于完整水力压裂形变的重要性可以通过考虑质量与能量守恒定律加以量化。总地震矩具体量化了与微地震活动有关的总裂缝运动。作为一种极端情况，假设微地震纯粹是裂缝的拉张，则微地震势能（或体量）可以估计为

$$\sum M_0/\mu = V = Ad \tag{5-9}$$

式中，$\sum M_0/\mu$ 为微地震势能；V 为裂缝体积；A 为裂缝面积；d 为破裂面位移。

总有效势能体积可以与总注入体积进行对比（如表 5-1 所示特例）。在此案例中，微地震势能体积仅占总注入体积的极小的百分比。尽管微地震震源强度在井与井之间，甚至是同一口井的不同段之间都各不相同，通常情况下，微地震势能体积仅占总注入体积的很小一个百分比。少数在水力压裂过程中诱发地震活动释放大量能量（例如英国 Blackpool，以及加拿大 Horn River 盆地）的案例是例外。断层活化可能导致与触发不同级别的构造应力释放相关的震级增大，包括少数情况下诱发地震的明显的应力释放。

可以使用能量进行另一种比较。微地震能量 E_S 可以根据地震矩 M_0 直接计算或估计（Kanamori，1978），即

$$E_\mathrm{S} = \frac{M_0}{20000} \tag{5-10}$$

水力能量可作为注入压力和体积的积分来计算。微地震与水力压裂能量的对比也指出了微地震活动仅代表总能量一小部分（表 5-1）。断层或构造活动释放的地震能量是个变化量，补充了水力压裂系统的固有能量预算。尽管如此，针对慢地震裂缝膨胀的小的能量和体积分量是形变的一个更重要的分量。

表 5-1　项目每段水力压裂观测的总微地震震源体积、面积和能量值的对比结果

	第 1 段	第 2 段	第 3 段	第 4 段
微地震体积（bbl）	0.82	0.15	0.075	0.30
压裂体积（bbl）	25300	25300	25300	25300
百分比	0.0033	0.00059	0.00030	0.0012
微地震面积（ft²）	19375	4018	3533	9040
压裂面积（×10³ft²）	7	—	6.2	—
百分比	0.28	—	0.057	—
微地震能量（×10³J）	62.5	11.3	5.7	22.95
压裂能量（×10⁹J）	149.04	149.04	149.04	149.04
百分比	0.0042	0.00076	0.00038	0.0015

见第一章图 1-5（据 Cipolla 等，2011。获 SPE 版权使用许可）。

鉴于具有缓慢、拉张特性的水力压裂与具有高频、剪切特性的微地震活动之间的不同，存在一个监测与物理过程关系的基本悖论。尽管微地震位置和震源特征描述对于地质力学模型来说是关键性信息，微地震活动并非形变的全部内容。在尝试使用地质力学模型模拟形变时，认识到微地震形变主要表示剪切作用相当重要。

第三节　震　源　机　制

震源机制涉及在发生微地震事件期间，通过对发射地震波辐射花样的分析，调查非弹性岩石的运动（Jost 和 Hermann，1989）。可以针对单一事件计算震源机制，也可以在假设不同

事件之间具有一致的形变情况下对事件组进行计算。根据裂缝方位和岩石的运动，纵波和横波按照变化的相对振幅向外辐射。传统上，震源机制和不同波型的辐射花样显示在一个表示震源周围震源球的下半球球面投影上。传统的地震机制是沿先前存在的一条断层进行剪切（图5-4）。在这种情况下，纵波初动表征的震源机制图称为沙滩球（图5-5）。沙滩球可以解释断层面方位和剪切方向。还可以使用横波初动及纵横波振幅比帮助约束震源机制。矩张量反演是能够描述各种震源类别（包括剪切、拉伸、爆裂或任何组合，以及这些震源类别的重叠）的更为通用的解决方案。

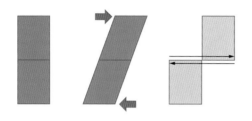

图5-4 岩石形变导致剪切破坏（右侧黑色箭头）

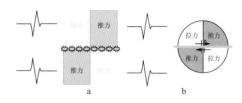

图5-5 a 为剪切破裂导致的不同象限的观测地震记录，b 对应的纵波脉冲初动（沙滩球）。b 中的中心线表示断面和一系列微地震事件，如同 a 中星形

一、沙滩球和断面解

考虑沿裂缝面方向的剪切，如图5-5所示。岩石在特定象限被推进，在其他象限被拉开，所以每个象限发射的纵波可能为图示的压缩初动或扩张初动。通过为每个检波器绘制下半球球面投影内震源离去角对应的纵波初动图（方位角和倾斜角）形成沙滩球。然后通过解释压缩象限和扩张象限确定两个纵波振幅为零的正交节面。一个面与裂缝对应，另一个为正交辅助面。

在剪切裂缝面和辅助面之间存在内在的不确定性，需要用附加信息来确认实际裂缝面。根据沙滩球定义了三条特征轴：压缩象限的中心是 P 轴，T 轴是扩张象限的中心，正交的 N 轴在断裂面和辅助面的相交线上。这些轴分别与震源处的最大、最小和中间主应力方向大致对齐（图5-6）。当水力压裂裂缝沿最大剪切应力面产生时，三条轴正是三个主应力方向，当沿已存在裂缝发生剪切时情况或许不同。

使用纵波初动产生沙滩球要求有足够的采样来精确定义初动象限，从而确定破裂面。典型的地面阵列和近地表阵列有足够的震源球覆盖范围来为任何微地震事件产生沙滩球，这些微地震事件要在各个检波器记录上有足够的信噪比来拾取初动。尽管由于信号振幅低，初动可能并不确定，但接近或跨过节面的检波器也有助于约束求解。事实上，P 波或 S 波的振幅变化有助于约束沙滩球。图5-7显示了各种震源机制下纵横波的方向辐射花样。对于剪切破坏模式，纵波节面在横波振幅最大的方向上，反之亦然。模拟初动及振幅有助于约束震源机制，尤其是在具有有限的方向覆盖的情况下。然而，使用观测振幅需要在震源模拟时进行衰减校正。

走滑

倾滑

正常

反向（逆冲）

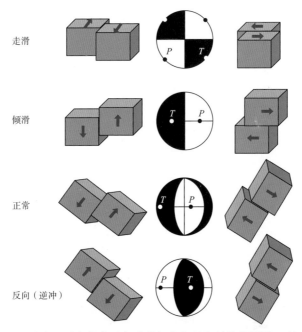

图 5-6　沙滩球和对应的表示各种剪切损坏几何结构类别的 P 轴和 T 轴

每一种类型都显示了两种相应的剪切几何结构，表示断层和辅助面（由 Chris Chapman 提供）

膨胀　　拉伸　　补偿线性矢量偶极（CLVD）　　剪切

a

纵波辐射

横波辐射

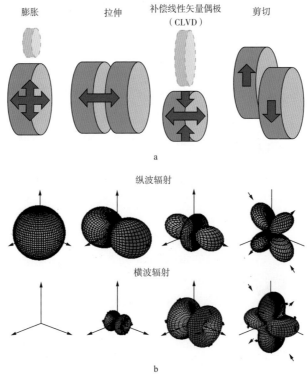

b

图 5-7　各种破坏模式和定向应变（红色箭头）（a）及其对应的相对纵波和横波辐射模式（b）（据 Chris Chapman）

　　井下单井阵列在震源的方向覆盖方面尤其受限。虽然可以施加某些约束条件来确定震源机制，但更为稳健的求解是通过事件分组并进行综合求解。优选出的具有类似波形的事件可以集合在一起（Rutledge 等，2004），经过联合分析得到一个共同的震源机制（图 5-8）。这些综合解决方案可以采用传统的沙滩球方法用初动或振幅估算。不同震源类型也可以通过将各事件归入共同机制中进行调查。这一任务可以通过作为震源角的一个函数绘制振幅比图并拟合辐射花样模型的方式完成。此办法也可通过将某单一震源辐射花样与事件集合拟合来估算某种震源机制（图 5-9）（Maxwell 和 Cipolla，2011）。可以模拟各种震源机制，这对于因辐射花样采样受限而在单事件震源机制求解存在多解性的单井监测非常有帮助。因为两种震相的衰减不同，因此应对振幅比进行校正。

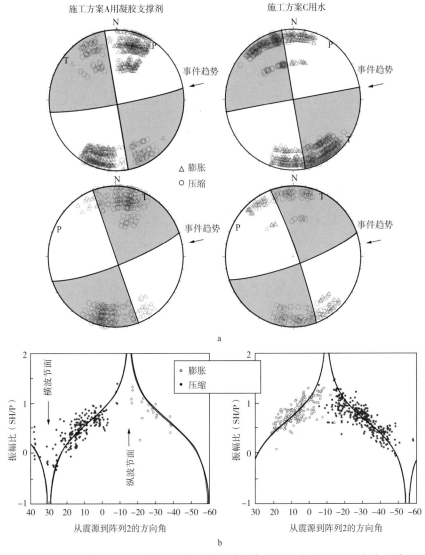

图 5-8　第一章中描述的棉花谷微地震活动综合震源机制图（a）和振幅比与
沿走滑模型振幅比方向的角度关系图（b）

据 Rutledge 等，2004，图 3，摘自美国地震学会公告

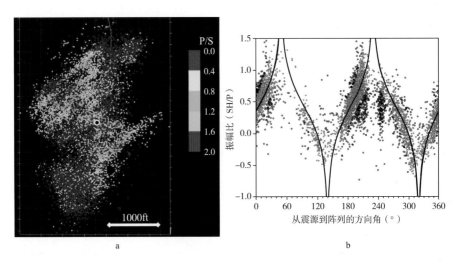

图 5-9　a 为巴奈特页岩水平井（紫色）的多级压裂平面图，中间有一口微地震监测井（黑点）。
使用纵/横波振幅比（P/SH）记录为事件进行了彩色编码。注意西北方向和东南方向相对较大的
纵波振幅及东北和西南方向较小的纵波振幅。b 为横纵波振幅比（SH/P）作为方位角的函数绘图，
上面叠加着一条表示走向为 N50E 的某倾滑机制辐射花样的理论曲线。红色符号在理论机制的
15°范围内（据 Rutledge 等，2013。获 SPE 版权使用许可）

二、矩张量反演

更普遍的震源机制可以作为 9 个基本力偶（即作用于一定距离的作用力。Aki 和
Richards，2002）的组合进行模拟。这些力偶表示为二阶张量，由于对称性，存在 6 个独
立的力偶。图 5-7 显示的是辐射花样和有关的基本力偶。传统上，矩张量用于模拟天然
地震及诱发地震和微地震活动。基本假定是，震源应变由一组力耦表示。但矩张量不能
描述与简单力有关的震源（图 5-2）。尽管这在天然地震学中一般不成为问题，但水力压
力在压裂过程中被压入了油气藏，这（在理论上）可模拟为一种简单力（图 5-2）。
某些机械震源也可以用一个简单力来描述，包括重锤或潜在滑套完井或射孔炮等定向
炸药。一个矩张量源的确充分描述了剪切（双力偶）、拉伸或纯爆炸（沿所有方向扩
张）。矩张量可与时间无关（在同震滑动期间，震源机制一致）或者与时间有关（时
变震源机制）。

观测地面位移（u）可以表示为

$$u = GM \tag{5-11}$$

式中，M 是六元力矩张量；G 是一个包含格林函数的 $n \times 6$ 阶矩阵。矩张量反演（MTI）是
该线性反演问题的解。需要正确的格林函数来说明震源和检波器之间的振幅变化，包括与
有声阻抗差的层间透射有关的衰减和能量损失。通常情况下，尽管多井采集和地面采集一
般能够求解完整的矩张量，但在没有先验约束条件时，单观测井还不足以唯一确定矩张量。
理想情况下，三分量采集提供最佳波场采样，但是，即使单震相一分量记录也可以使用。
条件数（奇异值分解的最大与最小奇异值的比值）可以用作矩阵 G 可逆性的一个质量指示

因子，它反映了约束矩张量所有元素的能力。可以针对震源检波器决定的观测系统创建矩阵 **G**，用于采集前的设计或可行性研究，以便检查各种采集观测系统在矩张量反演（MTI）研究中的适用性。通常情况下，矩张量拟合的良好性通常定义为方差缩减（*VR*），即

$$VR = \left[1 - \frac{\sum_i (d_i - s_i)^2}{\sum_i d_i^2} \times 100 \right] \tag{5-12}$$

式中，*d* 为观测数据；*s* 为预测信号。方差缩减是一个用来量化矩张量描述观测信号振幅能力的公共参数。正如定位的质量控制一样，对数据拟合的模型的目测检查是一种有价值的确认方式。

全波形反演（FWI）（Song 和 Toksöz，2011）亦可用于表征矩张量，往往要使用有限差分模拟去发现与观测信号匹配最佳的矩张量 MTI。通常情况下，信号的带宽受限，全波形反演（FWI）集中进行低频分量的拟合，因为准确模拟高频信号需要一个准确的地球模型。

二阶矩张量 *M* 的解释是非常抽象的，已经开发了各种方法将矩张量分解为特定的几个基元震源类型（图 5-7）。一般分解为剪切［也称为双偶（DC）］、补偿线性矢量偶极（CLVD）和爆裂［也称为扩张（EXP）］。补偿线性矢量偶极是一种可以概念性理解为圆柱轴向扩展，由圆周的收缩给予补偿，以维持总体积（类似于挤一管牙膏）的特定震源类型。另外，也可能存在负补偿线性矢量偶极（CLVD），表示轴向收缩被周围的扩张所抵消。同样，向心挤压（即各向同性压缩）可能表现为"负"扩张。那么，矩张量就可以表示为 DC，CLVD，EXP 的百分数。现已创建了各种图示分解的方法，包括一种描述矩张量的震源球可视化方法（Riedesel 和 Jordan，1989）。Hudson 等（1989）根据除 DC 和 ±EXP 外的描述相对 DC 和 ±CLVD 的参数定义了一种更常用的震源类型的图解表示法。Hudson 图是实现各种破裂模式概念化和可视化的一条方便途径，因此已被广泛用于研究事件组的破裂类型（图 5-11）。导出的震源类型的不确定性也会沿共震源类型端元间的趋势（连接+或-裂缝的连线）延伸，所以需要小心避免混淆不确定性假象和变化的震源机制（Foulger 和 Julian，2011）。

分解时选择 CLVD 源作为一种基本源不符合与水力压裂有关的简单、直观的物理机制。实际上，裂开的张性破裂模型是更具特色的形变模式，更重要的是，它更能代表实际水力压裂过程。图 5-10 中可以看到各种震源代表了不同震源类型辐射花样的变化系列，分解的基本原则稍微有些主观。Chapman 和 Leaney（2012）提出了一种经过修改的双偶、拉伸、爆裂震源分解模型，描述了其优点和分解可像 Hudson 方法（图 5-10）一样用于描述任何任意类型的 MT 震源这一事实。实际上，Chapman 和 Leaney（2012）描述了与分解过程中包含 CLVD 有关的潜在含混不清。Sileny（2012）也提出了一种类似分解方法，认为该分解方法不仅与所调查现象的物理学性质更加密切相关，而且更具数值稳定性。Vavryčuk（2005）和 Chapman 及 Leaney（2012）也描述了近源各向异性对矩张量反演的影响，Leaney 和 Chapman（2010）说明各向异性介质与各向同性介质相比，在辐射花样上存在着重大差别。

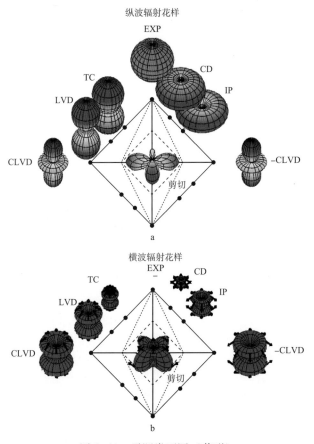

图 5-10　震源类型图（菱形）

据 Hudson 等，1989。纵波（a）和横波（b）特性辐射花样用于说明目的。参阅 Chapman 和 Leaney（2012）对不同震源类型的补充描述。径向相对的震源类型的负版本（图件由 Chris Chapman 提供。CLVD：补偿线性矢量偶极；LVD：线性矢量偶极；TC：张性破裂；EXP：爆裂/扩张；CD：圆柱状扩张；IP：各向同性面

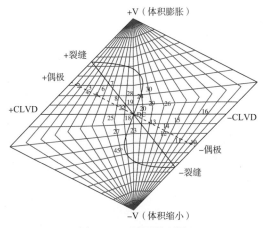

图 5-11　震源类型图

显示一系列事件的震源机制，+V 为体积膨胀，−V 为体积缩小（据 Ross 等，1999，图 15）

图 5-12 显示了纵横波辐射花样随着相对于破裂面滑脱角的变化而变化的情况，变化范围从表示拉伸打开或关闭的垂直线到表示剪切的平行线。这个震源机制范围代表图 5-11 中从+（−）裂缝开始一直穿过双偶（剪切）的那条线。注意，除了接近剪切破裂的地方外，其他辐射花样相当一致。而接近剪切破裂的地方，纵波辐射花样由两个不同象限的初动识别力组成，说明了与精确约束裂缝开启数量有关的挑战。与剪切震源辅助面具有的固有模糊性相比，拉伸张开唯一性地约束了破裂面的方位。与扩展源的拉伸开启/闭合相比，双偶源的横波振幅较大，而扩张震源横波振幅为零。这些图显示相对较大的横波振幅本身是剪切震源的鉴别特征。令人遗憾的是，相反的情况却不成立，即较小横波振幅可以是任何震源类型的反映或者是较高横波衰减的反映。剪切震源是产生明显横波的唯一震源。

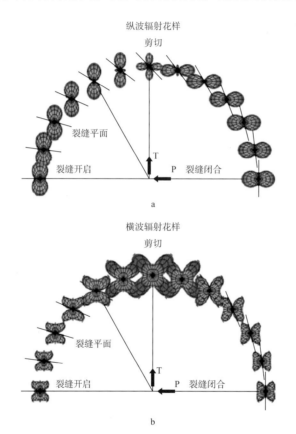

图 5-12　相对破裂面各种滑动角的纵波（a）和横波（b）
辐射花样图（图件由 Chris Chapman 提供）

除基本震源类型的可视化之外，往往使用纵波辐射花样观察破裂面的几何分布和破裂机制类型（图 5-13）。本质上这是对沙滩球显示的延伸，包括了更通用的辐射花样，尽管从事件组中提取有关裂缝方位和模式的信息更为困难。还有提出的替代方法仅仅将破裂面显示为圆盘，其中位移矢量表示运动方向：位移矢量在平面内排列描绘剪切力，当位移矢量正交时，则描绘拉伸张开（Chapman 和 Leaney，2012）。这种分解的扩张或收缩部分可以利用按比例尺寸共同着色在球体显示进行可视化（图 5-13 未显示）。

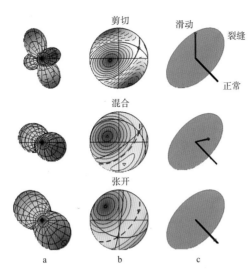

图 5-13　不同矩张量显示实例

显示了纵波（a）的方向性、球面投影等幅线（b）和压裂位置符号显示及位移矢量（c）。图中显示了三种震源类型：剪切型（顶部）、混合型（中间）和张性破裂张开型（底部）（由 Chris Chapman 提供）

矩张量反演的置信度来自许多因素，尤其是辐射花样的震源球采样（Eaton 和 Forouhideh，2011）。正如上文所述，不同震源类型的辐射花样之间存在细微差异（如图 5-12 所示）。有限震源球覆盖率可能给矩张量反演求解造成多解性，尤其是受到下文所述其他因素影响时更为明显。除近水平方向外，地面监测能够在各个方向提供良好的震源球覆盖。单分量地面检波器能够提供纵波振幅（已做波前倾斜校正）和初动。然而，如果没有横波信息，矩张量反演求解的稳定性和使用纵横波振幅比验证结果的能力都会受到影响。井下多井监测能够通过每个单井对震源球进行密集采样。有了足够多的井，震源球整体覆盖就有可能变好，这与井身的几何结构有关。通常情况下，井中阵列为三分量，因此能够提供良好的纵横波数据。结合地面阵列和井中阵列的混合阵列有可能提供最好的整体约束，但需要一致的衰减模型。

尽管矩张量反演（MTI）是相对简单的线性反演，考虑估计值的置信度很重要。以下列出了应当考虑的潜在矩张量反演的缺陷：

（1）由于信噪比的局限性给输入信号振幅带来的不确定性；

（2）信号初动估计的不确定性；

（3）由于潜在错误定位造成的不确定性；

（4）穿过界面的反射（透射）损失考虑不当；

（5）射线路径聚焦（散焦）考虑不当；

（6）地震衰减解释不当；

（7）震源各向异性解释不当；

（8）分解过程中矩张量反演误差的传播；

（9）分解可能具有高度的非唯一性。

第四节　水力压裂形变的模式

描述完整材料脆性破裂模式的经典理论是用莫尔圆描述应力状态并结合各种破裂准则。这样的话，当应力状态超过破裂标准时，就会发生脆性破裂。在流体注入过程中，孔隙压力的增大使有效应力下降，莫尔圆向左移动（图 5-14）。差异应力用圆的直径表示。莫尔圆足够大时，它在正法线应力象限内与破裂曲线相交，会发生剪切破裂（称为模式Ⅱ或模式Ⅲ破裂）。因而，注入过程中很小的压力变化也能诱发剪切和相应微地震活动。某些情况下，在差异应力很小时，在莫尔圆的拉伸—法向应力域，有可能优先诱发拉伸破裂或拉伸与剪切的混合破裂（图5-14c）。格里菲斯的破坏准则一般用于拉伸结构，这里可能发生延展性剪切和纯拉张（模式Ⅰ）破坏（Rutledge等，2013）。与这些不同破裂模式有关的各种震源机制，范围包括从纯拉伸破裂到剪切破裂，以及它们之间的不同组合（图5-12）。

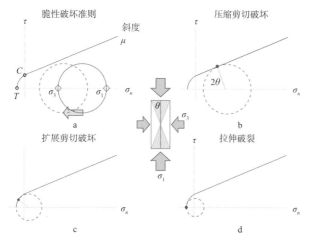

图5-14 应力状态的莫尔圆表示图，同时包含描述与注入有关的不同脆性破裂的破裂准则的曲线
剪切应力用 τ 表示，σ_n 为法向应力。C 是黏结强度，T 是拉张强度。a—注入期间增大孔隙压力 P 使有效应力减小，将莫尔圆左移。b—正法向应力象限内莫尔圆与破裂曲线的交点对应于一个特定角度的剪切破裂（中心图中绿色部分）。c—离开法向应力轴的负法向应力象限的交点造成延展剪切的一定范围的势能角（中心图中橙色部分）。d—拉张强度交点形成沿最小应力方向的拉张破裂（中心图中红色）

　　莫尔圆分析有助于理解预期发生的破裂结构，破裂可能是在准静态假设下的水力压裂注入产生或与注入过程有关的诱发地震活动，例如，原地应力状态下剪切破裂最优方向的天然裂缝可能对孔隙压力的增加特别敏感。而莫尔圆并不描述裂缝发育或与水力压裂扩张有关的不断变化的应力场的动态特征。

　　剪切机理是微地震活动的常见观测类型，因此，在实施拉张性水力压裂改造（图5-15）期间，对纯剪切应力微地震事件或剪切应力为主的微地震事件以不同方式进行进一步讨论是必要的。对于给定项目，这些因素的任何组合形式都可能发挥作用。第一种形式与水力压裂没有直接关系，因此可以看成一种"干"形变，与水力系统是分离或隔绝的。处于临界应力下的已存在裂缝可能产生微地震活动，这些微地震活动与裂缝扩张或可能发生的孔隙压力扩散导致的应力变化有关。正因如此，两种因素都可能导致"干"微地震活动，它们在空间上与水力压裂是分离的。

　　具有该机制的事件往往与具有临界应力的裂缝方位一致，并在整个注入期间位置保持一致。事件可能在改造作业初期引发，其发生距离比正常水力压裂裂缝生长与射孔的预期距离更大，因为应力和孔隙压力变化可能会扩展到离开水力压裂裂缝的一段距离。整个注入过程中，尤其是诱发形变导致仅有部分初始应力释放时，可能在同一位置发生重复的或多重事件（具有类似信号的重复事件，应为同样位置的重复滑动）。预计"干"事件的震源机制主要为剪切，且沿裂缝方位分布，这可能不同于其他水力压裂剪切，但与构造应力场内剪切运动方向一致。不能将这种机制与生长进入并激活原有断层的裂缝混淆。

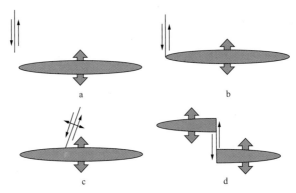

图5-15 与拉张水力压裂扩张（灰色）有关的各种剪切形变机制

a—由于存在应力增大或者可能出现压力增大，远离裂缝的已存在裂缝（距离流体充填裂缝有一定偏移，因此认为是"干"裂缝）可能受到破坏；b—由于应力和孔隙压力增大，与水力压裂裂缝端部交错的已存在裂缝可能受到破坏；c—流体滤失进入已存在裂缝可能降低有效法向黏结力而发生破裂；d—水力压裂裂缝中的"狗腿"可能导致剪切破裂

以下其余的震源机制可以视为"湿"微地震活动，并直接与水力压裂有关。剪切应力增大的局部区域处在拉张水力压裂端部周围，会产生沿已存在裂缝的具有剪切机理的微地震事件。尽管微地震事件可能发生在裂缝端部的前面，定位精度可能无法分辨裂缝本身与震源位置之间的偏移距。在这种情况下，微地震活动往往非常集中，以水力压裂裂缝生长的速度远离起裂点。震源机制预计与水力压裂裂缝面方向呈一定角度，剪切应力将作用于这个方向。可能会产生多重事件，但仅在注入期间持续相对较短的时间，直到水力压裂裂缝生长越过这一位置为止。

流体从水力压裂裂缝滤失进入已存在裂缝也可能诱发剪切破裂。如果已存在裂缝横穿水力压裂裂缝，所导致的裂缝形变将会使裂缝具有复杂性，并构成水力压裂裂缝网络的组成部分。该机制也往往具有裂缝张开分量。通常认为滤失是通过裂缝面进入围岩的流体或压力损失，滤失会与没有穿过水力压裂裂缝的裂缝发生相互作用。滤失仅仅发生在有足够渗透率的地层中，使基质流体流动或使压力与水力压裂裂缝连通。因此，这种机制不太可能发生在具有极低渗透率的页岩中，但在渗透率较高的地层中可能是一种潜在机制。在压力增加的情况下，滤失沿拉张水力压裂裂缝面渗入岩石，只有斜交裂缝在剪切作用下发生形变（Warpinski 等，2012）。微地震活动往往发生在裂缝端部后面的层段。大多数储层改造是在渗透率相对较低的饱含气地层中进行，其中仅有少量流体滤失。然而，在饱含流体储层中，压力渗漏可以通过不可压缩的孔隙流体传递，并可在较大区域内引起微地震活动（Warpinski 等，2004）。

最终剪切机理与引起相交已存在裂缝发生剪切的水力压裂裂缝扩张有关，会沿拉张水力压裂裂缝形成一种"狗腿"样式。储层改造期间，狗腿两侧的相对扩张增大了切应变，并可导致多重事件的出现。这些事件定位于裂缝端部的后面使得水力压裂裂缝似乎更宽（Maxwell 和 Cipolla，2011）。这种剪切现象类似于沿板块构造扩张脊的转换断层，扩张脊的扩张是一种慢地震，在地质年代内缓慢张开，其机制类似于水力压裂时的慢地震。在转换断层和裂缝狗腿两种情况下，张开机制导致诱发剪切形变。尽管斜向裂缝很少能扩张打开来对抗大于最小主应力的应力场，但是，由于已存在裂缝变成了增压水力裂缝的一部分，形变可能会导致拉张打开的机制。剪切机理可以类似于剪切端部机制，但其形变沿辅助面产生，与水力压裂裂缝更为垂直。

这四种潜在机制，每一种相对于水力压裂裂缝方向都有独特的空间生长特点和不同取向。因此，考虑微地震的潜在触发机制，尤其在使用微地震源形变表征水力裂缝时，是非常重要的。

第五节　使用震源特征描述提高解释效果

微地震解释主要集中在确定水力压裂裂缝的几何结构上，通过结合震源机制能够进一步提高解释效果。显然，机制有助于识别裂缝方位和破裂模式（Baig 和 Urbancic，2010；Kilpatrick 等，2010；Nolen-Hoeksema 和 Ruff，2001；Rutledge 等，2004；Sileny 等，2009；Song 和 Toksöz，2011）。此外，常见的微地震度量就是与井产能有关的改造体积。在改造体积中使用地震矩密度代表裂缝密度可提高与产量的相关性（Maxwell 等，2006）。

震源机制还有效地确定了局部应力状态。如图 5-6 所示，一般应力状态可以采用震源机制进行评估。事实上，"世界应力场成图项目"（World Stress Map Project）采用构造地震机制作为应力数据库的主要来源，偶尔用到应力状态的水力压裂测量值。同样，微地震震源机制可用于表征应力状态（即压缩走滑断层、逆断层或延展性正断层），以及通过储层的潜在空间变化（Wessels 等，2011）。

机制还可以用于表征由于注入流体本身导致的空间与时间变化。了解应力状态对于一般震源机制调查（如井筒和套管形变）和了解最小主应力方向及相应的水力压裂裂缝方向很有帮助。走滑断层和正断层状态具有水平最小应力导致垂直水力裂缝出现。然而，逆断层（逆冲断层）状态具有垂直最小应力，致使水平裂缝发生，这时可能垂向储层接触有限，但面接触较大。对于井下监测，尤其是横跨目标区深度的阵列，横波的垂向（水平）振幅比是一种方便的属性，具有较大横波振幅比可诊断为水平裂缝的情况（Maxwell 等，2007）。目前有一些震源机制反演技术，可用于研究应力的具体方位和相对应力量级（Gephart 和 Forsyth，1984）。

如前所述，震源特征属性对于解释断层活动很有帮助，尤其是通过增大的地震力矩释放和频度震级关系变化解释断层活动。断面解（Wessels 等，2011）所体现的震源机制变化，或者更简单点说，振幅比变化（Maxwell 等，2007，2009，2011）也有助于验证断层活动和断层面的方位，还可以识别诱发地震应用导致的潜在地震灾害。

破裂机理对于确定离散裂缝网络（DFN）也很有用，而离散裂缝网络对于认识复杂水力压裂裂缝生长和有效性至关重要。除了通过震源定位可以识别的明显的裂缝位置外，还可以使用微地震震源特征描述来确定离散裂缝网络的其他各方面。尽管辅助面可能引起一些不确定性，但通过微地震震源机制可约束离散裂缝网络的方位（图 5-16），这非常重要。辅助面的不确定性可以通过微地震活动区域宽度及微地震形变的等时线来解决，因为正交裂缝会产生分支以及局部加宽的裂缝网络（Gale 等，2007）并伴随有重复微地震活动（图 5-17）。尽管在单一微地震事件中只有一部分裂缝会滑移，微地震震源半径也有助于约束离散裂缝网络的长度大小或分布特征，整个裂缝段长度仅可通过几次微地震滑移加以阐明。最后，可以通过地震力矩密度评价裂缝密度。综合微地震和离散裂缝网络有助于认识微地震活动和离散裂缝网络以及水力压裂裂缝形变之间的关系。

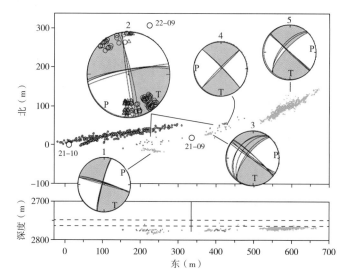

图 5-16　棉花谷试验期间监测的各种事件簇的震源机制

据 Rutledge 等，2004，图 6，美国地震学会公告

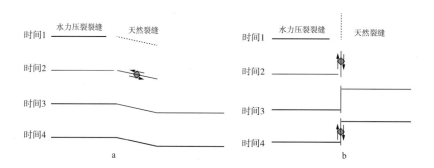

图 5-17　水力压裂裂缝与已存在裂缝的相互作用

a—与水力压裂裂缝方位接近的裂缝的情况，相对于 b 更为正交的情况。注意：因为裂缝方位和辅助面可以互换，所以两种情况都有类似的"沙滩球"。由于正交裂缝与最大应力方向正交，往往会形成一个较宽的破裂带，也会产生重复性微地震活动（据 Maxwell 和 Cipolla，2011。获 SPE 版权使用许可）

　　最后，有把握地确定的形变模式也有助于深入了解裂缝解释结果。例如，沿剪切形变存在或不存在开裂模式，能够把湿微地震活动与干微地震活动区分开来。开裂模式分量（或与之相反，闭合模式）通过对单一裂缝的裂缝开度进行量化对于评价裂缝的有效性看来很有用（据 Baig 和 Urbancic，2010）。然而，由于大裂缝扩张可能为慢地震，因此，应仅在相对意义上考虑由地震估计的裂缝开度。

第六节　微地震形变解释的陷阱

虽然微地震活动震源表征提供了与地震波声发射有关的相对空间和时间的形变，但也存在通过微地震活动过度解释水力压裂形变的内在风险。如前所述，水力压裂形变很大一部分是慢地震。可能存在的错误解释包括：

（1）假定整个形变由微地震活动来描述，没有考虑慢地震形变；

（2）进行微地震震源机制解释时未考虑估算精度；

（3）假定微地震震源机制定义了所有形变模式，不管是剪切模式、拉张开裂模式、拉张闭合模式还是其组合形式；

（4）假定震源机制代表了唯一的裂缝方位——实际上慢地震形变的方向可能截然不同；

（5）通过微地震机制的拉张开裂分量推断裂缝有效性。

通过使机制模型概念化，可以使用微地震震源表征来定性推断水力压裂裂缝特征。另外，震源机制模拟可用于估计总形变，总形变随后可以投影到与微地震形变一致的破裂模式内（如剪切分量）。然后，微地震累计密度即可与部分地质力学形变进行定量对比。由于微地震形变仅仅是这种特定模式下总形变的一小部分，因此，只能作相对的（而不是绝对的）对比。

第六章 微地震裂缝成像的解释

解释微地震成像的目的是推断水力压裂裂缝几何结构的发育情况，并理解注水过程的微地震地质力学响应。解释可以划分为几何学解释（包括裂缝尺寸和随时间的发育情况）或者形变解释（使用微地震震源机制和强度来解释压裂应变的其他方面）。使用其他资料（尤其是地质资料和地质力学数据）进行综合解释，可以提高这两种解释的效果。尽管特定项目具有最重要的针对具体监测目标的关键特征，但水力压裂的各个方面都可以推断。从微地震成像中提取的典型水力压裂裂缝的几何特征包括：裂缝方向、裂缝高度、裂缝长度、裂缝的复杂度、改造体积、裂缝位置、异常特性。

无需进一步分析或解释，许多此类特征可以直接从微地震定位成像中确定。例如，微地震云的末端可以用来确定裂缝高度和长度（Maxwell，2000）。Maxwell（2012）描述了一种更稳健的基于微地震定位精度的检查视裂缝几何形态差异的对比性解释方法。考虑解释结果的灵敏度、置信度和精度也很重要。通过将微地震与辅助数据结合，可以进一步提高基本几何解释效果，以便对其他方面做出推断。

建议分析和综合研究步骤包括：

（1）处理质量控制（见第四章）；

（2）评估潜在监测偏差；

（3）选择用于解释的数据子集；

（4）综合微地震与注水数据；

（5）识别微地震数据的特征性时空分布模式；

（6）解释微地震与水力压裂的关系；

（7）将微地震整合到地质框架内；

（8）整合微地震与地质力学模型。

如图6-1所示，在解释下伏裂缝的几何形状时，建议工作流程包括说明潜在监测偏差和评估定位不确定性的影响。

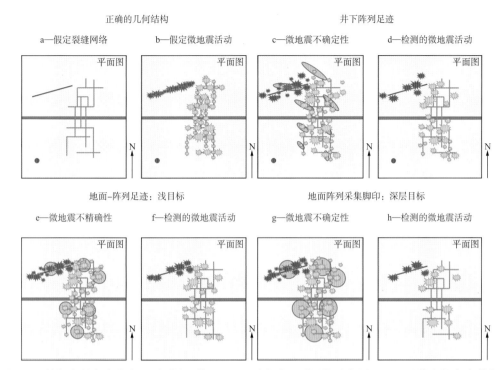

图 6-1　某假定的复杂水力压裂裂缝网络（a）和对应微地震源的示意图（b）。蓝线和橙色事件与裂缝有关，而红色为邻近的干断裂。对于具有相应采集脚印的不同阵列，根据假定精度（选定的蓝色误差椭圆）和对应的检测偏差，显示出了扰动后的位置。c 为井中监测阵列与依据图示不确定性显示的扰动后位置。d 显示相应井中检测偏差会进一步限制较小事件的检测结果。地面和近地表监测脚印具有更均匀一致的不确定性，根据目的层的深度，仅可检测到较大事件。浅部储层（e~f）与较深的目的层（g~h）对比，预计会有相对更高的灵敏度和精度。解释包括从成像结果（根据监测情况和脚印，针对 d, f 或 h 部分）推断正确位置（b）及对应的裂缝几何形状（a）

第一节　评估监测偏差

一、探测范围和灵敏度

　　在解释微地震结果之前，一个重要步骤就是确认和校正潜在的监测偏差。单井眼井下监测具有固定的与距离有关的偏差，因此小震级事件会在近距离处检测到。但由于地震信号衰减，仅相对较大震级的事件才能在较大距离检测到（如图 6-2 所示）。根据频度—震级幂律关系（见第五章），这相当于可检测事件随偏移距的一个指数递减量。因此，震级—距离关系图对于确定与距离有关的偏差、定义用于消除偏差或使偏差正常化的震级切除是很重要的图件。震级切除时通过最大截止距离可将分析限定在充分采样的区域（Maxwell 等，2002）。例如，水平井的多级改造可能在每段产生不同的灵敏度，并有可能只有部分段达到用于详细解释的充分采样。

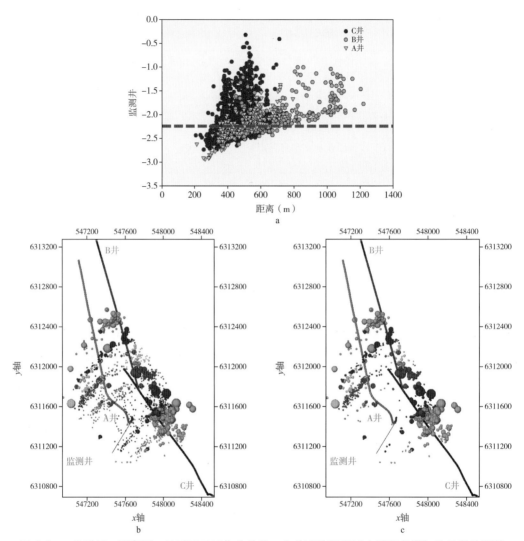

图 6-2　a 为震级—距离图，显示了三口作业井的一个井下监测项目中随距离增加的最低检测特性。较小震级事件仍然在较大的距离出现，但对于检测背景噪声以上的信号来说距离太远。下面两图显示了井的平面图，其中事件颜色代表不同阶段、大小代表不同震级。b 显示了所有事件。c 描绘的是−2.2 以上的事件，显示了灵敏度更均匀一致的事件分布（据 Maxwell 等，2011c。获 SPE 版权使用许可）

　　震级距离图也可用来定义检测距离的极限，超过了此极限值，相应最小震级事件就检测不到了。无论监测阵列如何，检测极限都会导致部分裂缝无法成像。图 6-3 显示了检测偏差对不对称裂缝网络的潜在影响。在地质非均匀、存在可能促使裂缝沿某个方向优先发育的压力或应力梯度的情况下，会产生沿作业井的非对称裂缝发育。如果裂缝网络处于某个阵列的检测范围内，至少可以检测到微地震活动的一部分（图 6-3）。由于地面监测本身灵敏度低，靠近井下阵列时可以检测到的小震级事件将可能检测不到。考虑震级检测极限很重要，这样才能评估除断层活化的较大震级外，是否能够检测到小震级事件。

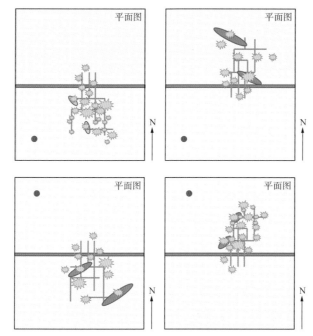

图 6-3　显示图 6-1 所示裂缝网络一部分的记录偏差影响示意图

红圈表示监测井，粗灰线表示作业井

　　检测灵敏度也可能随时间而变化，尤其是在地面泵注作业或与流体有关的噪声增大时，这样的变化更明显。需要较大事件达到特定信噪比时，噪声增大会导致灵敏度降低。对于任何监测方式，背景噪声随时间变化图和有关可检测震级极限值是很好的诊断信息（图 6-4）。地面阵列特别易受天气变化的影响，受风或雨影响噪声会增大，如第三章所示。可以使用最大检测极限值对变化的灵敏度进行校正或对其进行标准化。对于大的变化，根据了解到的数据在某段时间段灵敏度较低并可能对微地震活动采样不足，要使用全部的数据。

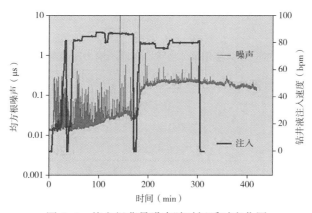

图 6-4　均方根背景噪声随时间瞬时变化图

显示了裂缝生长进入观测井时，在大约 180min 处噪声出现了增长。垂直尖峰为微地震事件。注意，180min 之后尖峰密度下降，只有较大尖峰仍然可见（据 Maxwell 等，2006）

检测极限值还影响成像事件数量。虽然实际上事件数量具有主观随意性，依赖于采集和处理工作流程中检测的各个方面，但把事件数量作为一种基本特征是一种自然趋势。一种更本质、更稳健的估计是累积地震矩（每个事件地震矩的总和），累积地震矩主要由对监测偏差不太敏感的较大事件所控制。尽管如此，累积地震矩对比仍然需要根据检测极限进行标准化。尽管任何检测偏差首先都需要标准化，但是，对一个多级压裂项目中各个阶段的活动率或事件数量进行对比也是一种自然趋势。图 6-5 中的实例显示了某井中阵列不同偏移距的两个压裂段具有不同数量的事件。对相似最小震级的标准化对于对比有一定帮助，但是频度—震级图表明，需要较大的标准化震级来对微地震活动进行完全采样。上面讨论的最小可检测震级表示部分可记录的震级水平而非全部微地震活动的水平。完整震级表示大于该震级水平的所有事件均可检测，因此它在对比事件数量时很重要。尽管累积地震矩（表 6-1）是活动性更强压裂段的一个较好的指示因子，一旦经过适当标准化，具有最多事件的压裂段就可以反演出来。

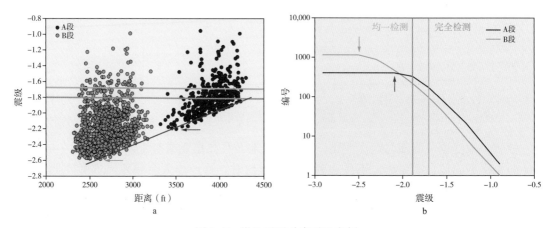

图 6-5　微地震活动率对比实例

a—不同距离的两个压裂段；b—对应的累积频度-震级图。B 段整体具有更多较近的事件，具有较低的检测下限。对两种不同情况的事件数量进行了对比，一种是用可均一检测的震级水平（下面的蓝线，所有距离检测事件具有一致性），另一种是事件完全被检测的震级水平（上面的绿线：其上的所有事件均被检测到）（据 Maxwell，2012，图 11 和图 12。获 SPE 版权使用许可）

表 6-1　事件数量（每列第一个数字用粗体显示）与多级水力压裂两个阶段总地震矩的对比

事件数量/累积地震矩	A 段	B 段
原始数据	397/1148MN·m	1191/993MN·m
信噪比大于 3 的数据	397/1148MN·m	1129/981MN·m
震级大于-1.7 的数据	98/683MN·m	34/263MN·m

第一行表示完整的数据集，中间一行表示信噪比超过 3 的事件，底行表示震级高于-1.7 的事件，超过这一值的事件目录是完整的。注意，对于完整数据集（第一行），B 阶段具有更多事件，但在距离偏差标准化之后，A 阶段具有更多事件（最下面行）（据 Maxwell，2012。获 SPE 版权使用许可）。

如果所有的微地震事件具有类似机制，单井眼井下监测会有辐射花样偏差，因为每种震相靠近节面角时事件检测不到（根据事件检测准则）。图 6-6 显示了一口直井改造的微地震图像，事件大小按照纵/横波（P/SH）振幅比显示。注意，节面是振幅比较小的部位，从而导致与纵波识别问题有关的对应事件集中度的局部下降。在这一特例中，在节面两侧区域检测到了裂缝，但在其他情况下，裂缝末端可能被节面屏蔽。检查事件的振幅比是识别潜在缺口和偏差的一种有效途径。与能量趋于水平辐射的走滑机制相比，地面监测可能偏向于有较多能量向地面辐射的倾滑机制。

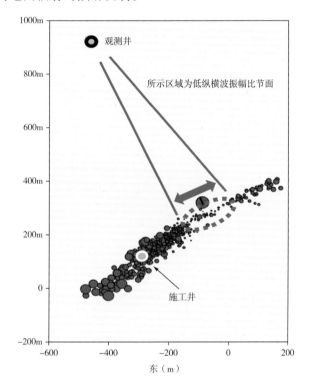

图 6-6 以纵横波振幅比为比例尺的微地震事件平面图

注意，红圈区域内的事件纵横波振幅比低。该区域内事件密度的减少与相对于监测井的纵波节面方位有关，可检测事件的数量减少，球的大小表示纵横波振幅比（据 Cipolla 等，2011，图 17。获 SPE 版权使用许可）

二、最大定位不确定性

有关偏差是由不同阵列偏移距引起的最大定位不确定性大小和方向的增大造成的影响（Kidney 等，2010）。例如，图 6-7 中的示意图显示的是一口近垂直观测井的微地震平面图，该图显示了靠近作业井的少数位置具有更发散的模式。定位不确定性椭圆的可视化显示定位不确定性的方向和大小随距观测井距离的增大而增大，导致近作业井位置的发散（Zimmer 等，2009）。在不考虑不确定性偏差的情况下，仅对位置做出解释可能会导致对裂缝复杂度的解释失误。

理解监测偏差无疑很重要，而且通过几个诊断图的使用，可以有效识别偏差。某些情况下，偏差可以实现标准化，而在其他情况下，数据或许只能在已知潜在偏差的基础上解释。地面监测和井下监测都有与第四章描述的采集脚印有关的偏差。

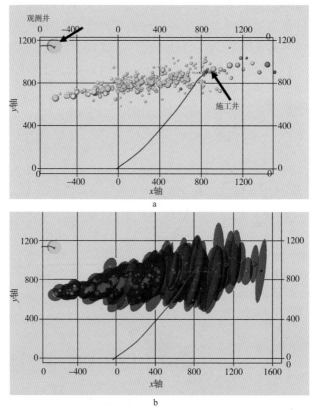

图 6-7　a 为某近垂直井改造期间记录到的事件平面图，事件按震级比例显示。注意，在作业井附近，事件更少，发散程度更大。b 表示距离越远，事件的误差椭圆显示的不确定性越大，最大的不确定性与方位角相关。在该方向上，靠近作业井位置的视发散与该方向上更大的不确定性有关（据 Cipolla 等，2011。获 SPE 版权使用许可）

第二节　选择解释数据

　　虽然整个微地震数据集可以用于解释，但从较高质量或较高置信度的微地震活动的子集开始解释往往可以提供丰富的信息。数据选择准则的细节取决于应用。例如，进行裂缝几何形状解释可以使用所有正确的事件，不考虑震级大小，而对比一定数量震源的强度则需要进行检测极限标准化。然而，用质量控制属性对数据过滤可能进一步导致偏差，因此需要将其作为偏差分析的一部分来进行过滤。对偏差的校正，尤其震级切除，是选择解释数据子集的一个重要方面。然而，解释也要回头参照未过滤的完整数据集来对比，检查额外采样偏差的引入情况。

　　对位置不确定性采用过滤是一种排除（希望）少部分具有较低定位置信度数据的有用方法。然而，利用稀疏的检波器覆盖度和噪声数据，波至时间拟合可能会过于乐观，对位置的不确定性会估计不足。因此，利用微地震道置信度或信噪比（见第四章）等更基本数据质量准则进行过滤也是选择高质量数据的一种有效方法，这样的数据能够更可靠地定位

（Maxwell 等，2010）。图 6-8 显示了一个微地震成像结果，其定位结果对应于两个信噪比切除值（结果未经特殊人工质量控制进行自动处理，以包含潜在错误定位事件）。此成像结果显示使用具有较高信噪比的较小数据集后改善的事件集群以及更精确的结果。图 6-9 显示的是微地震云的相应体积和粗糙度比值随信噪比的变化，再一次展示了视复杂度是如何由不确定的微地震位置导致的。

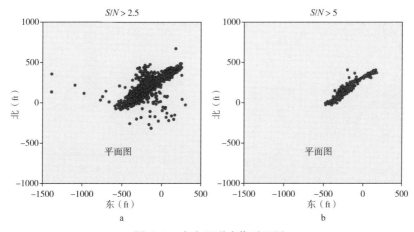

图 6-8　水力压裂成像平面图

a—信噪比（S/N）切除值 $S/N>2.5$；b—$S/N>5$。注意 b 图中的成图更紧凑，与较高的数据置信度和较低的不确定性有关（据 Maxwell 等，2010。获 SPE 版权使用许可）

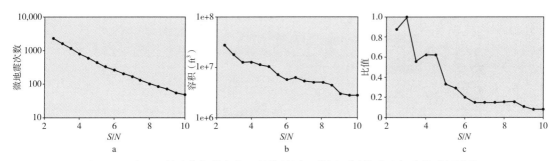

图 6-9　图 6-8 所示数据的各方面的统计图，使用不同信噪比切除值进行计算

a—事件的数量；b—改造体积（SV）；c—定义为微地震云宽度/长度比值的横纵比（据 Maxwell 等，2010。获 SPE 版权使用许可）

第三节　整合注入数据

要想将微地震与注入过程适当关联，流量、压力（通常为地面压力或施工压力）和支撑剂含量等曲线需要有准确的时标。这样，微地震事件发生的时间就可以与注入进行详细对比了，这可以用于检查具体注入特征的微地震表达，尤其是异常条件（压力尖峰）。有时在注入持续期间会发现微地震平静期，这可能是失压、稳定慢地震裂缝发育或扩张的指示（假设这与检测问题无关）。特征裂缝响应可以通过注入期间的微地震活动瞬时分布来推测，

这里的讨论是基于常流量的隐含假设（如图6-10）。整个注入期间相对一致的微地震发生率是稳定一致的裂缝发育的一种指示（图6-11）。初始阶段高微地震发生率在注入期间下降是微地震与裂缝起裂有关的指示。相反，注水后期微地震发生率增大则象征着或出现了裂缝堵塞（施工压力会增大）或者裂缝生长进入了裂缝带或断层带（施工压力下降）。

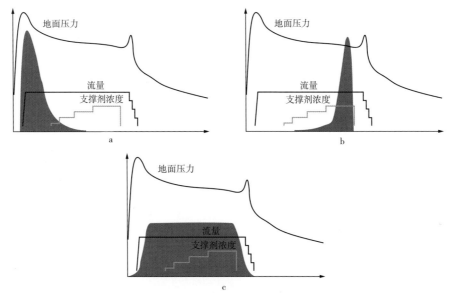

图6-10　各种微地震直方图的示意图（深灰色），分别相对于改造参数和相应的潜在解释
a—由于裂缝产生的微地震活动；b—由于支撑剂滤砂产生的微地震活动；c—由于均匀压裂产生的微地震活动

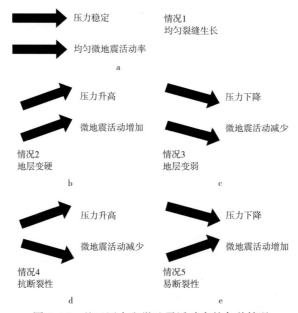

图6-11　基于压力和微地震活动率的各种情况
a—显示的是支撑剂有效填塞后均质储层中的均匀裂缝生长情况；b—应力增大和支撑剂滤出后的地层硬化情况；c—应力减小、支撑剂有效填塞后的地层弱化情况；d—几乎没有已存在裂缝、支撑剂有效塞后的裂缝抗断裂性；e—断层活化且支撑剂有效堵塞之后裂缝屈服

如图 6-12 所示，压裂裂缝进入一个断层可能导致微地震事件的数量和震级突然增大（Maxwell 等，2009）。注入作业后，微地震活动一般会迅速衰减，并平静下来，除非断层活化释放构造应力，导致注入之后微地震活动仍然继续。注入作业后，随着压力消散到裂缝中，裂缝也可能生长（Dahm 等，2010）。有时能观察到微地震发生率在注入结束时马上增大。这可能是由于泵注结束使得灵敏度增大造成的。另一种解释是一种"水锤"效应，即停止流体流动引起一个与摩擦压力损失解除有关的短期压力尖峰，在水力压裂裂缝内产生了一个高压脉冲。

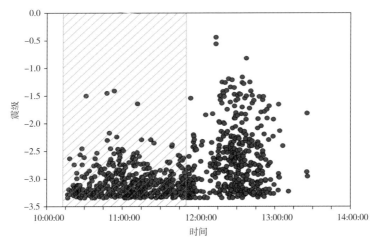

图 6-12　震级随时间变化图——某断层活化的实例

左边阴影部分是有源注入时间段。注入结束后微地震活动率和震级开始下降，但在 20min 后，由于已知断层活化，采集到微地震活动和震级增大

第四节　裂缝几何形状解释

可以对水力压裂裂缝的几何形状的方向和尺寸（即长度、宽度和高度）进行可视化解释（图 6-13），或使用几何学或统计学方法测定。最简单的方法是用矩形框拟合微地震位置范围，用最长的水平边确定方位角和长度，用垂直边确定高度，用最短的水平边确定宽度。这种基本方法的一种扩展方法通过忽略一定百分比的数据来去除可能存在的统计异常值，减小了由不确定位置造成的潜在的裂缝几何尺寸的过估计。有一种更精确的统计方法，利用事件云的主分量分析确定几何尺寸。每种方法都可进一步细化，以便估计裂缝起裂点每一侧的尺寸。裂缝复杂度可以根据定位结果进行定性推断，也可以利用宽度/长度比进行量化（Cipolla 等，2008）。改造体积可使用矩形或主分量框的体积或者累加一系列体积框来进行估算（Mayerhofer 等，2008）。也可以根据微地震活动的门槛密度，用事件密度等值线进一步量化微地震定位结果的体积（Maxwell 等，2006b）。

微地震定位不确定性很清楚是裂缝几何结构解释精度的一个重要方面。显然，正确的微地震定位对于水力压裂裂缝正确成图非常重要。然而，微地震位置不确定性估计也影响

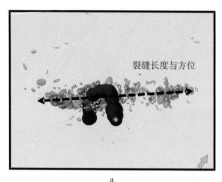
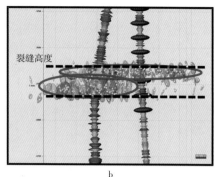

图 6-13　直井改造时一个压裂段的平面图（a）和剖面图（b）

监测井和以蓝色碟片表示的地震检波器显示在剖面图。对于每一个事件的位置，显示了位置
不定性椭圆的估计。图中显示了解释裂缝方位、长度和高度（据 Cipolla 等，2011。获 SPE
版权使用许可）

解释尺寸的精度（Maxwell 等，2010）。图 6-14 举例说明了通过对真实位置的随机扰动，用特定标准差的高斯统计法，不同位置不确定性导致的"真实"位置的发散。扰动位置说明了视长度、宽度和高度随不确定性增大而增加的方式。在本例中，通过增大不确定性，深度上分离的两个事件簇变得模糊，丧失了分辨各事件簇的能力。位置不确定性导致对尺寸的高估与不确定性本身成正比，它们又通过增大横纵比和视微地震体积人为地带来了明显的复杂性。有一种技术可以通过使定位结果崩塌来最小化定位不确定性引起的发散（Jones和 Stewart，1997）。另外，拟合裂缝尺寸时可以将定位不确定性引起的额外发散明确纳入（图 6-14），从而形成忽略不确定性影响的更准确的裂缝尺寸（Maxwell，2009）。尽管如此，准确的微地震定位对于确定正确的裂缝属性非常关键。

微地震位置体积用作岩石改造体积的度量，这一概念首先是作为观测到复杂裂缝时的经验性工程解决方案而引入的（Mayerhofer 等，2008）。在巴奈特页岩水力裂缝微地震监测的早期，随着水力压裂改造与已存在裂缝的相互作用，检测到了复杂裂缝网络（Gale 等，2007）。那时的水力压裂裂缝模型仅能够模拟简单的平面水力压裂裂缝，在致密砂岩气地层中开发的工作流程通过微地震对这些模型进行标定（Weijers 等，2005）。这些模型标定工作流程不能模拟复杂裂缝网络，由此引入了一种用于估计改造体积或改造油藏体积的经验性方法（在此用 SV 表示微地震激活体积的各种测量值）。重要的是，人们发现对于具体的储层 SV 与井的产能相关（图 6-15）（Ejofodomi等，2010；Mayerhofer等，2008）。

油藏模拟研究（Cipolla 等，2008）证明，低渗透储层中 SV 代表了储层排采的最远范围。这些研究结果也突显了 SV 内裂缝密度的重要性。Maxwell 等（2006b）指出利用 SV 和微地震矩密度的乘积来代替裂缝密度，与井产能的相关性得到改善。尽管微地震位置误差往往会造成对实际体积的过估计，但一般将微地震体积当做改造体积的直接指示。实际上，SV 度量在许多不同储层中广泛使用，一般是用微地震活动量化的标准裂缝特征。然而，的确会有造成过度解释的风险。下面评价了度量值本身，但是认识到此概念是经验性的和定性的也很重要，并且它只适合于存在复杂裂缝网络的情况。

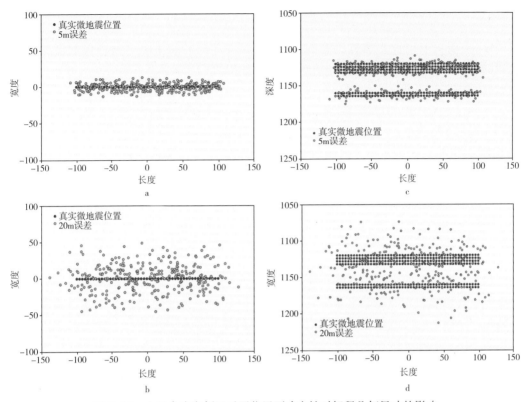

图 6-14　人工合成实例显示了位置不确定性对解释几何尺寸的影响

a 和 b—平面图；c 和 d—剖面图。红色符号表示真实位置，橙色表示估计位置，假设位置误差呈现不同的均匀高斯分布。在深度上，真实位置按两个不连续的深度区间定义。a 图和 c 图具有 5m 的位置不确定性，b 图和 d 图具有 20m 的位置不确定性。注意，位置如何在真实的几何形态引起人为的发散，其量级与位置不确定性成正比。对于较大的不确定性，两个深度间隔不再能够区分（据 Maxwell，2009。获 SPE 版权使用许可）

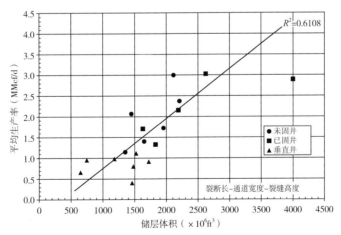

图 6-15　巴奈特页岩各种水力压裂监测项目中平均生产率与微地震体积关系图

符号表示不同的完井结果，包括未固井的（圆圈）和已固井的（方块）水平井和直井（三角形）（据 Fisher 等，2004。获 SPE 版权使用许可）

尽管在微地震活化体积（*MV*）常常被看做水力改造体积 *SV* 的直接度量值，微地震活动可由远离水力压裂裂缝的应力和压力变化触发（见第五章描述的干事件）。因此，除非在 *MV* 计算时识别和不用这类事件，否则，仍会存在高估 *SV* 的风险（微地震有监测偏差除外）。尽管有效裂缝孤立的剪切作用有可能提高渗透率，传导率也会受到网络连通性以及改造完成后维持裂缝张开的支撑剂分布程度的控制。水力改造体积还会是工程师真正感兴趣的有效体积或支撑体积的过估计。本章将在地质力学框架部分描述一个工作流程，试图估计 *MV* 内的支撑剂分布。

总之，*MV* 是对水力压裂改造体积 *SV* 的过估计，这反过来也是对有效支撑改造体积的过估计。尽管过于简单化，*SV* 提供了一个颇具吸引力的接触岩石体积的经验计量值，接触岩石体积可用来计量最终采收率估值。

第五节　时空分布模式识别

微地震活动中空间分布模式的识别是解释水力压裂裂缝几何形态的基本应用。而时空分布也可以提供水力压裂裂缝生长方式的关键细节。这些分布可以使用微地震震源属性进一步强化。一致、均匀的微地震以稳定速度移离裂缝起裂点是理想化、稳定的水力压裂裂缝生长的指示。然而，微地震往往显示为与各种水力压裂裂缝特征有关的不同花样的大量排列。已经观察到各种不同的花样，列出详细列表并不切合实际。尽管如此，下文仍然详述了微地震活动的一些常见的异常模式。

一、不对称裂缝生长

裂缝可以沿各个方向从裂缝起裂点开始对称生长：同时向上和向下，或者沿井眼一侧或两侧生长。然而，裂缝往往沿阻力最小的路径生长，也可优先沿一个需要较小破裂能量的方向生长，结果形成不对称的微地震分布。例如，裂缝可能只向上或向下生长，尤其是存在一个岩性阻挡层会沿一个方向束缚裂缝的沿高度生长，或具有低应力差地层（裂缝易于生长的层）时。同样，裂缝可能沿井眼一侧优先生长，并在另一侧受到限制。这样的不对称裂缝可能与检测偏差有关，如上所述，这一偏差可以得到验证（图6-3）。

由于储层流体排采和邻井生产造成的压力消耗可能导致裂缝不对称分布，使得裂缝很容易向先前的枯竭井生长。实际上，少数情况下，已经发现水力压裂裂缝直接生长进入了先前生产的邻近监测井中，可以发现事件逐渐靠近，一旦裂缝接触到观测井，背景噪声明显提高（Maxwell 等，2006）。流体测试可以证实压裂液的存在，证实裂缝生长进入了观测井的压力降范围内。不对称也可由于裂缝屏障，如位于井的一侧的一个断层而形成，裂缝优先发育进入局部低应力带。与水力压裂裂缝成斜角的井眼，也可形成井一侧可优先发育裂缝的应力状态。

二、脱砂

水力压裂裂缝被支撑剂阻塞时，脱砂可导致上文所述的注入压力和微震活动率增大。然而，堵塞也可能导致井中裂缝起裂点附近产生微地震事件，对应位置的裂缝正在扩张或者新裂缝正在形成（Rodinov 等，2012）。事实上，可利用实时微地震识别脱砂的早期发育情况，允许采用避免裂缝过早终止的预防性注入程序以及在继续作业之前的潜在洗井需求。

三、断层活化

如前所述，断层活动可能导致微地震活动率和震级增大，并影响微地震活动的位置。如果断层与水力压裂裂缝呈某一角度，也会发生方位角变化（Maxwell 等，2008）。沿断层面生长也可能导致异常长裂缝沿某个特定方向生长，并导致震源机制变化（Maxwell 等，2009，2011；Wessels 等，2011）。

活动率和震级的增大往往表现在频度—震级关系差异，a 值和 b 值都存在变化（图6-16）。Maxwell 等（2009a）报道了断层活化期间 b 值斜率从 -2（表示正常水力压裂裂缝生长）到 -1 的变化。其他储层也有类似的观测情况报告（Downie 等，2010；Wessels 等，2011）。图6-17 显示了一个断层活化的实例，该断层活动导致了微地震活动方位的变化以及震级增大。因此，存在断层活化的多种属性，尽管震级增大往往是主要指标（可以通过解释 b 值、位置和震源机制进行验证）。

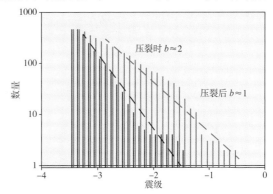

图6-16　图6-12 中所示的断层
活化实例的频度—震级关系图

黑色直方图显示了注入期间 b 值接近于 2 和与注入完成后断层活动（灰色）有关的 b 值接近于 1（据 Maxwell 等，2009a）

图6-17　某口近垂直作业井（井眼下部，星星表示射孔点）和一口西北方向的观测井的平面图

微地震活动最初沿西北方向生长（蓝色事件）直到与一个断层相交，形成更大的震级，以及沿南北方位的变化（据 Maxwell，2008。获 SPE 版权使用许可）

四、空间分布

事件密度直方图、累积地震矩或位移是微地震活动随时间、深度或沿井眼变化可视化的有用解释工具。此类绘图有助于解释时空模式，并可用于可视化和解释各方面，包括注入期间裂缝的纵向生长和变化。沿水平井长度方向的直方图也可用于解释级间分隔情况，以及进入储层的流体入口，用于解释压裂改造期间哪个射孔点纳入流体（图6-18）。事件震级随时间变化图对于可视化观察震级增大和可能的断层活动，以及灵敏度的变化很有用（灵敏度的变化可以由最小检测震级随时间变化来加以验证）。

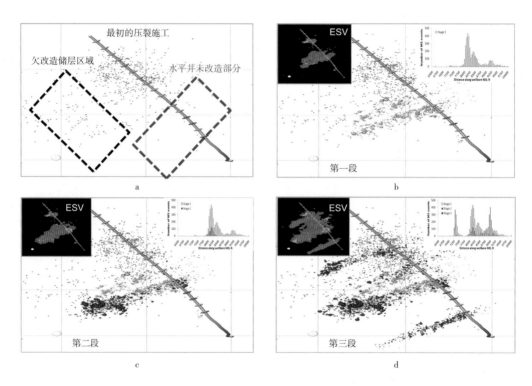

图6-18　利用各种可视化方法研究裂缝转向理论效果的实例，尝试沿水平井的不同部分起裂
a—原来改造期间记录的微地震活动的平面图。其他图包括裂缝转向尝试期间各段记录的微地震活动。还包括改造体积轮廓以及沿井地震事件的直方图。b—重复压裂的初始阶段，包含初始作业时相似区域的微震活动。c—显示的是第一次转向尝试之后的事件，其中的活动仅显示先前裂缝的部分扩展。d—在更积极的转向之后，微地震显示了在井中产生了新的压裂裂缝（据 Cipolla 等，2012。获 SPE 版权使用许可）

五、距离—时间交会图

事件离起裂点距离随时间变化的交会图是有用的解释工具。此种绘图可以解释裂缝生长速度或水力扩散速度（Shapiro 等，2006）。此图也可以识别事件是否主要发生在裂缝端部或在推进前缘之后（图6-19）。最后，此类绘图可用于识别应力和孔隙压力转移导致的潜在干微地震事件，此类事件发生在通过地层的可能的流体运移之前。

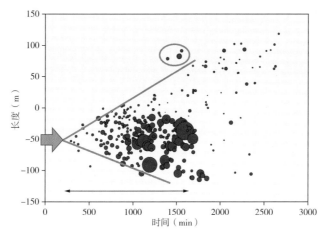

图 6-19　图 6-7 所示数据与射孔点距离随时间变化图

按震级比例显示。底部的水平箭头定义了注入时间段，左边的大箭头是起点。从箭头出发的直线表示从起裂点开始的微地震事件（即裂缝）前缘的扩展速度。圆圈内的事件出现在主要趋势线前面，可能是干事件。注意，大多数大事件在扩展前缘的后面（据 Maxwell 和 Cipolla，2011。获 SPE 版权使用许可）

第六节　地　质　框　架

结合地质背景下的微地震活动对于解释至关重要。解释垂直水力压裂裂缝生长既需要垂直地质分层知识，也需要有关应力变化的信息，以便理解哪些地层充当着垂直生长的阻隔层。尽管工程设计常将储层视为横向均匀的系统，但是，岩石结构、性质、组构和应力的横向非均质性（图 6-20）都会对水力压裂裂缝的生长产生重大影响，并产生微地震活动的异常模式（Iverson 等，2013；Maxwell 等，2011；Rich 和 Ammerman，2010）。微地震整合岩心分析、井眼地层成像，以及地震储层表征对于理解储层非均匀性对微地震位置的影响至关紧要。将微地震活动和有关属性纳入常见的地质模型是整合的关键，一般需要扩充能力来充分显示微地震数据的时移特性，并与同步的注入数据完全整合。过去几年，大多数可视化工具具有微地震功能，包括时间回放和计算特定方面的工具（包括 SV 地质体）。

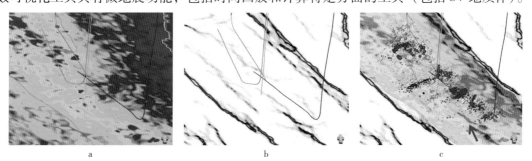

图 6-20　微地震和地面地震整合进行储层表征

a—泊松比体（红色为低值，蓝色为高值）与三口水平井显示；b—使用边缘检测法检测的裂缝；c—微地震与地震属性的整合（据 Norton 等，2009）

原有断层对裂缝生长、异常微地震活动的产生以及破裂沿阻力最小路径延伸趋势的影响前面已经论述。从井筒资料或地震数据获得的地质断层特征有助于识别断层活动。早期可以作为钻完井设计的一部分用于施工过程，以避免不必要的断层影响。微地震和地震储层特征的整合对追踪已知断层的影响和验证解释的断层活动显然也十分重要（图6-21）。解释地震体内引起异常微地震活动的冲撞性结构可能是一种挑战，尤其是在历史上断层位移很小、通过地震反射（即亚地震）断距难于分辨时。即使亚地震断层也可以产生异常水平的微地震活动——尤其是当它们处于临界应力并接近滑移时（图6-22）。

　　综合微地震与地震反射体可以评价地质非均质性对水力压裂裂缝几何形态的影响。同样地，对比地层成像与声波应力特性曲线可以用来解释岩石特性和应力状态对水力压裂裂缝几何形态的影响。

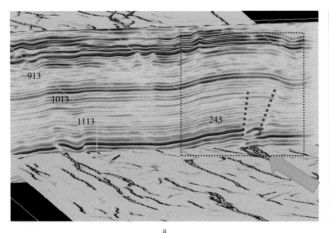 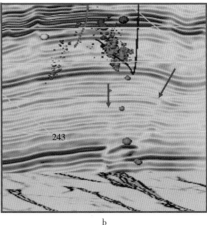

a

b

图6-21　a表示图6-17中显示的地震剖面和水平边缘检测图。两个断层的位置以红色突出显示。b表示井和微地震在地震剖面上的叠合显示图，经解释说明水力裂缝与储层下断层的亚地震部分相互作用（据Maxwell等，2011。获SPE版权使用许可）

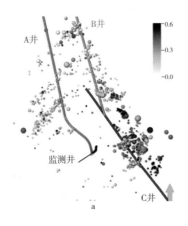 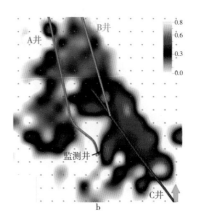

a

b

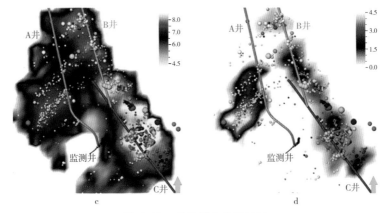

图 6-22　事件彩色绘图显示

a—事件按三维地震资料的岩石组构属性进行着色；b—岩石组构轮廓图；c—累积地震矩密度；d—*b* 值。注意地震矩密度和岩石组构属性之间的相关性（据 Haege 等，2012）

第七节　地质力学框架

使用微地震标定水力压裂裂缝模型已经很长一段时间了。虽然裂缝成像已经表明：裂缝在垂向上比早期模型的预测受到更多控制，但第二章所描述的平面水力压裂模型作为基本压裂设计工具已经多年了。早期压裂模型假设条件为各向同性和均匀状态，其预测的裂缝几何形态相对较高。然而，随着裂缝诊断和成像技术应用范围的扩大，人们发现裂缝生长在深度方向更容易受到地质因素的控制。尽管正在进行的微地震裂缝成像显示的裂缝容积比模型预测结果更大，用垂直应力剖面创建的垂向力学地球模型会导致更多深度控制的预测结果。后面添加了混合分层，这可以使微地震事件与平面裂缝模型能够匹配（图 6-23）。特别是针对致密砂岩气水力压裂裂缝（平面裂缝似乎更普遍）时，已经开发了工作流程，旨在利用微地震标定压裂模型，为该区域后续压裂设计提供更具置信度的应用（Weijers 等，2005）。

在第一次巴奈特页岩微地震成像中（以及后来在许多其他非常规储层中）观察到的裂缝复杂性的证据表明，这些平面裂缝模型没有关联性。这导致了经验性 SV 理论方法的发展。然而，最近裂缝模型开发允许对复杂裂缝网络进行模拟，而且其应用正在日益广泛。除了第二章详细描述的平面压裂模型外，需要使用地质力学来考查在先前存在不连续性的岩层生长时对应力和应变的影响（Pettitt 等，2012）。当水力压裂裂缝生长并贯穿某个先存裂隙，根据抗裂强度和应力等地质力学条件，该水力压裂裂缝可能穿过该裂隙，或转向并沿着该裂隙生长。此后水力裂缝可能沿裂隙起裂并继续平行于遇到裂隙的初始裂缝延伸（Weng 等，2011）。复杂裂缝网络的分支破裂模式产生的裂缝形状依赖于不同地质力学条件。根据质量平衡原理，改造裂缝网络的体积与已知注入体积相匹配，支撑剂体积用于追踪裂缝网络中支撑剂的相对分布。

如前所述，评价这种有效的支撑剂分布或含支撑剂改造体积是裂缝成像的梦想，毫无疑问将会导致解释中复杂裂缝模型使用的不断增加。这种模型需要了解原有离散裂缝网络的信息，离散裂缝网络可用井筒裂缝成像和地震反射成像解释结果来创建。可以使用边缘检测算

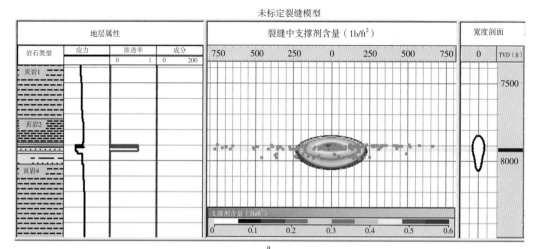

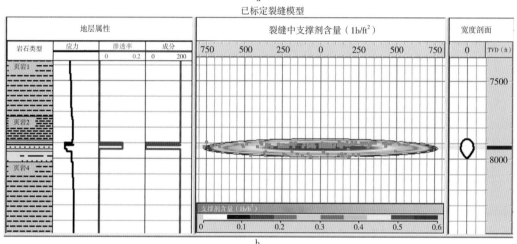

图 6-23　用微地震对平面裂缝模型的标定结果

a—模拟的裂缝区外生长明显比微地震（红点）结果短得多；b—用复合层将裂缝限制在目的层，产生的裂缝长度与微地震相匹配（据 Cipolla 等，2008。获 SPE 版权使用许可）

法从地震数据体推断先存裂缝，最新方法可使用微地震事件位置作为"种子点"来发现潜在的不连续性。还需要准确估算初始应力、材料特性和破裂强度来作为该模型的输入数据。

以本工作流程应用于第一章图 1-5 所示的实例为例。此图显示了巴奈特页岩中一口水平井的四级压裂改造。底部压裂段（绿色和红色）相对接近平面缝。根部压裂段（黄色和蓝色）事件较为分散，解释为由应力非均质性引起的一个更复杂的破裂模式（Cipolla 等，2010）。一个复杂裂缝模型通过调整沿井应力状态的变化和已存在裂缝的密度成功模仿了微地震活动的长度范围。

图 6-24 显示了所得裂缝网络的踪迹。在本裂缝网络的改造期间，网络的一部分将经历张性破裂扩张，其他部分将在剪切力作用下发生形变（Maxwell 和 Weng，2013）。图 6-24 显示了沿裂缝网络的剪切和拉伸扩张的相对量。注意，在这一特例中，尽管从微地震来看主要为剪切形变，但具体区域有的相对于剪切具有更多拉张开裂，反之亦然。剪切类事件

的普遍性表明直接利用微地震解释裂缝扩张及相关的潜在的被支撑裂缝的情况存在挑战。然而，形变可以转换为等效地震矩（图6-25），可以将模拟的剪切形变的矩密度与观测微地震矩密度进行对比（图6-26）。尽管在相对空间密度之间存在某些相关性，这种差异可归因于裂缝密度模型及裂缝如何囊括各种物理效应。例如，由于离散裂缝网络（DFN）渗透率的影响，射孔附近的裂缝扩张量比模型预测结果更大。尽管如此，观测的微地震岩石形变可用来改善与剪切形变模拟结果的相对匹配度，从而提高模拟拉张形变和有关支撑剂分布的置信度。

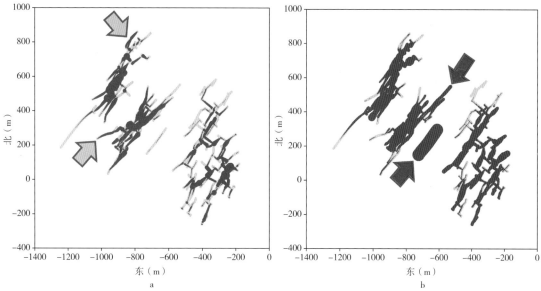

图6-24　灰线表示一个复杂裂缝网络的踪迹，旨在复制在巴奈特页岩四级压裂内检测到的微地震活动的轨迹
a—相对剪切应变，红色符号的尺寸与应变成正比；b—相对拉张应变。注意，a 中的蓝色箭头表示相对剪切形变区域，拉伸开裂少。相反，b 中的红色箭头为主要拉伸开裂区域（据 Maxwell 和 Weng，2013）

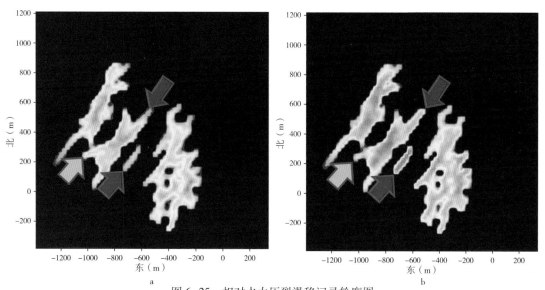

图6-25　相对水力压裂滑移记录轮廓图
红色箭头和蓝色箭头与在图6-24中相同。a—剪切；b—拉张（据 Maxwell 和 Weng，2013）

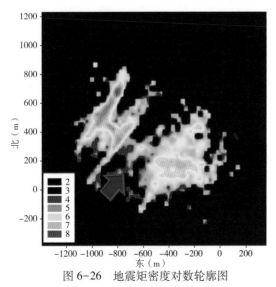

图 6-26　地震矩密度对数轮廓图

由于认为微地震在这种情况下表示剪切形变，因此该图可与图 6-25a 中的模拟切变位移对比

与支撑剂充填裂缝网络（图 6-27）有关的相对渗透率可用于油藏模拟，预测井产能及储层排采和压力降低。图 6-28 显示了巴奈特实例生产 30 年之后的预测油气藏压力分布图，此图已经过 3 年产量标定。注意，预测结果显示裂缝网络端部不会产生较大的油气藏压力降。大多数流体排采发生在离井最近的裂缝内。该工作流程使工程师们能够假定场景，检查其对相应预期产量的影响，进而优化不同注入情况的最终取值。例如，可以研究增加支撑剂，以纠正巴奈特页岩裂缝端部流体排采不足的情况。流体排采和压力成图也可用于优化未来的压裂作业阶段。Cipolla 等（2010）也显示了类似的储集性能，但水力压裂裂缝表现不同，表明该方法与裂缝表示有关的不确定性。用观测的微地震岩石形变对模型进行校验，有助于减少这种不确定性。

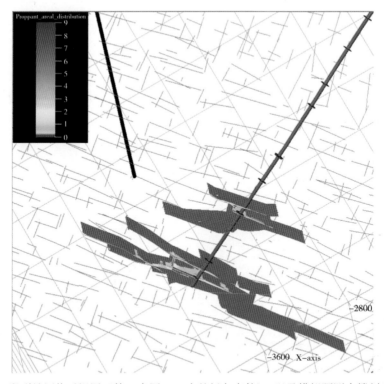

图 6-27　第 1 段裂缝网络透视图（第一章图 1-5 中的绿色事件），以及模拟预测支撑剂含量的轮廓图

紫色表示已压裂但未支撑的区域，颜色表示支撑剂含量（蓝色含量低，红色含量高）（据 Cipolla 等，2012。获 SPE 版权使用许可）

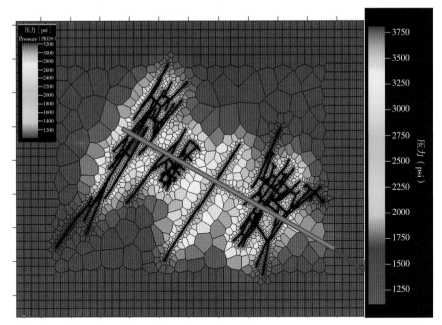

图 6-28 复杂裂缝模型模拟的生产 20 年之后油气藏压力下降

红色是原始地层压力。在靠近裂缝网络的地方见到压力下降，由低渗透率产生（据 Cipolla 等，2012。获 SPE 版权使用许可）

虽然上面描述的裂缝形变模型是张性破裂产生压裂液到达的裂缝，但是类似的方法也适用于随应力和孔隙压力变化压裂液未达干燥裂缝的模拟。尽管如此，在地质力学模拟背景下对微地震进行解释，能够深入了解微地震岩石形变和水力压裂有效性的含义。

第八节 解 释 陷 阱

尽管微地震是洞悉水力压裂裂缝生长的唯一方法，但令人遗憾的是，也有造成错误解释的可能。下面列出了微地震活动解释过程中可能遇到的常见陷阱：

（1）由于微地震活动错误定位造成对裂缝几何形状的错误解释；

（2）假设微地震事件的数量与裂缝强度相关，认为更多的微地震事件会有更好的产能；

（3）将定位不确定性错误解释为裂缝复杂性；

（4）解释时不考虑采集脚印，如灵敏度限制或偏差等；

（5）过低估计与检测偏差有关的裂缝尺寸；

（6）将不准确的微震定位结果错误解释为裂缝复杂性；

（7）错误解释水压激发远距离应力效应造成的微地震活动；

（8）假设微地震断面解代表所有破裂面，而不是仅代表地震活化的潜在子集；

（9）将微地震岩石形变解释为水力压裂裂缝形变的唯一来源，忽略了慢地震形变；

（10）认为测定的微地震体积能够均匀而有效地将油气完全采出；

（11）认为研究微地震震源机制分析裂缝张开或闭合与水力压裂有效性关系密切。

有了严密的解释工作流程，这些陷阱就可以避免，从而挖掘应用于各种压裂设计的微地震数据的全部潜力。

第七章 微地震裂缝成像的工程应用

有了高保真度采集、精确的处理和对高质量微地震数据的精细的解释，利用周密计划的微地震项目就可以实现许多具体的工程应用。事实上，水力压裂裂缝微地震监测技术的快速扩张与制定改善水力压裂工作流程且需要一种追踪裂缝生长手段的工程师们有关。理解和目视观察水力压裂裂缝的生长和影响裂缝变化的因素，对于有效的储层改造和油气藏流体排采很重要。然而，对于一个可投产的非常规储层，除了有效的完井—储层改造设计来产生能够对储层进行有效开采的井中水力压裂裂缝系统外，一定要有足够好的储层质量。储层一定要含烃并能够通过一系列的井辅以水力压裂改造进行抽采，而这些手段又受储层的地质力学条件影响。电缆测井、岩心取样和地震勘探可以用来调查储层，但是微地震能够为水力压裂响应提供关键性的洞察力。在低渗储层中，如果潜在油气藏未与某个水力裂缝网络连通，就不会对井的产能做出显著贡献。因此，水力压裂裂缝成像是了解非常规储层性能的基础，是储层评价的非常重要的组成部分。

从评价到优化，再到最终的工厂化钻井生产阶段，微地震可以用于研究水力压裂性能及储层接触的有效性。微地震项目往往由于许多优势而成为焦点，为地质家和地球物理学家与完井和油藏工程队讨论储层及井产能提供了一个框架。通常情况下，微地震成像显示非主观的或不受怀疑的响应，能够约束井的产能。然而，此类知识的影响往往有些模糊，难于量化信息价值（value of information，VOI）来说服管理层投资该项目。即便如此，往往在微地震水力压裂项目中采用具体的工程应用来回答特定的问题，而这些应用的结果可以用于量化 VOI。

微地震有助于回答具体的问题，包括井的位置、方位和深度，以及与邻井的间距。一旦钻井后，就要决定如何完井，例如，使用固井尾管或者不固井、采用裸眼井、射孔或滑套系统。段数、相应的段间距，以及射孔簇的数量、密度和间距是另一方面的有关决策。如果存在断层或者其他地质灾害，可以设计预防性措施，如可以计划跳过某些段，决策点可以在压裂前，也可以在压裂过程中实时做出。

需要规定改造的各个方面，除了对液量、流量和压力做出规定外，还包括流体系统、支撑剂类型和浓度，以及是否使用增能气体。虽然有时具有挑战性，项目经适当设计可以利用微地震帮助为以上这几点确定最佳方案。可能需要统计采样来理解井与井之间的变化，验证不同要素组合测试结果的可重复性和意义。项目工程师们可以利用微地震成果来改善水力压裂设计、作业程序，以及最终的产量，而不是盲目地决定这些方面或者试图通过试错法来建立。通过降低作业成本和任何与增大井产能有关的成本，可以对 VOI 进行量化。

早在储层评价过程中，就可以作出一些决策，然后在生产阶段的强化钻井过程中由后期井加以证实。在其他方面，例如对地质变化、断层活动和诱发地震活动所引起的水力压裂变化进行控制，可能需要对储层开发过程进行长期监测。

利用微地震进行成像、研究、认识和优化水力压裂裂缝的具体应用包括针对以下具体的储层条件审核储层改造设计并优化压裂效果与效率。

（1）纵向生长；

（2）流量和液量；

（3）流体类型、添加剂和转向剂；

（4）支撑剂分布。

微地震活动有助于验证完井设计并优化效果与效率，以及井与储层裂缝网络之间更好的连通。它对各个方面都有利，例如：

（1）完井类型以及设计；

（2）段间距；

（3）压裂段排序；

（4）重复压裂。

可以校验并优化井的计划，包括：

（1）井的方位；

（2）靶点；

（3）井的完整性。

最后，改善油气田整体性能和生产及避免地质灾害的因素包括：

（1）井间距；

（2）井位部署；

（3）诱发地震活动和断层活化；

（4）储层表征；

（5）井的完整性；

（6）生产优化。

对于每个应用，依据特定油田实例和案例研究利用假设场景来说明这些方面。理想情况下，类似的假设情况可以用作微地震项目开始的一部分。基于与具体水力压裂试验有关的假定情况，在一个问题驱动的监测项目中，微地震数据可以用于测试各种假想。此讨论意味着提供应用实例，并不是对所有已发表应用案例的全面综述（参见 SPE 出版物数据库，尤其是 King，2010，以及 Cipolla 等，2012）。

第一节 验证和优化水力压裂设计

一、纵向生长

水力压裂裂缝的纵向生长对于压裂设计很重要。主要目的是使储层深度范围内的表面积和水力传导率最大化，而不压穿储层上下浪费压裂能量。根据储层物理性质和有关应力随深度的变化情况，水力压裂裂缝有一种容纳在储层单元或使其优先向上或向下生长的自然趋势（图7-1）。例如，目标油气藏可能是夹在较硬单元之间的相对较软的页岩单元，限制了水力压裂裂缝的纵向生长，并将改造范围保持在目标区。然而，如果储层的盖层或下伏地层较弱或者潜在压力不足，裂缝可能优先向目的层外生长。当然，水力压裂裂缝也可能进入先前存在的断层并沿该断层生长。油气藏也可能由薄互层组成，这些夹层可能成为一个天然屏障，阻碍裂缝生长并限制层内高度范围。

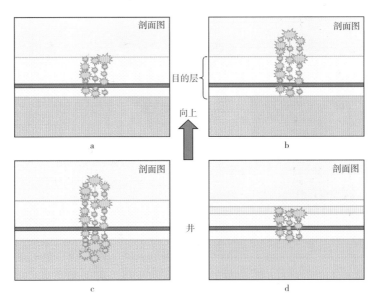

图7-1　显示各种纵向生长情况的剖面示意图

目的层带处于中心部位，显示一口水平井。a—储层内生长；b—向上的层外生长；c—向上和向下生长；d—限制在目的层深度覆盖范围的容量

通常情况下，在油气田开发的评价阶段，要评价直井的水力压裂作业。验证产生裂缝的生长高度是评价起裂点和覆盖预计生产深度段的压裂段是否适宜的重要方面。该高度信息是至关重要的，尤其是在确定未来水平井的靶点深度特别重要。在叠合储层的直井完井作业期间，了解裂缝的纵向生长是确定压裂段及射孔间距的一个重要因素（图7-2）。除了射孔点裂缝产生的深度外，流量可以用于控制裂缝的纵向生长。裂缝高度生长的验证也是生产阶段的一个重要因素，其中不需要的区外生长可能导致非所需要的水或酸气的产出。在最坏的情况下，任一情况都可能意味着井的损失或者产量有限，因而导致经济效果差。例如，在巴奈特页岩中，如果微地震显示裂缝生长进入下覆 Ellenburger 石灰岩，在压裂阶段改造往往会终止。

尽管与大多数非常规储层的深度相比，微地震观测显示裂缝纵向生长相对较小，水力压裂裂缝生长进入浅部淡水层会是一个严重的环境问题。无论如何，从全球各种储层的微地震观测结果获得的大型数据库（如 Fisher 和 Warpinski，2012；Maxwell，2011a），为有效的环境管理提供了重要的信息。

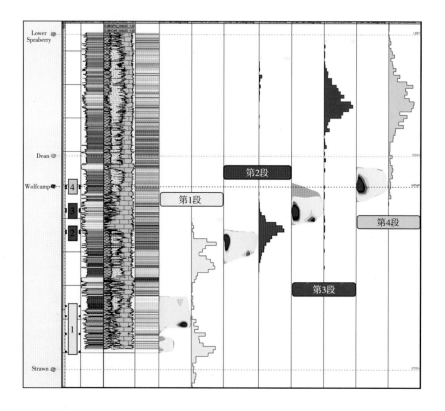

图 7-2 Wolfcamp 地层中裂缝纵向生长的微地震研究

记录跟踪显示（从左到右）：4 个阶段中每个阶段的射孔井段、伽马射线、矿物学、应力剖图、压裂模型和微地震直方图。第 1 阶段显示基本上接近于最低射孔位置的微地震活动和显著的向上生长。第 2 阶段相对包容裂缝，但与预测的向下生长相比，显示向上生长。第 3 阶段和第 4 阶段都显示显著的向上生长，两个阶段微地震活动集中在相同的井段，而在第 2 阶段仅有几起微地震事件。解释是假设的裂缝阻隔层破坏，第 3 阶段和第 4 阶段变为从第 2 阶段开始生长的垂直裂缝。微地震清楚地显示，需要一个更好的完井和压裂设计来针对目的层段（据 Ejofodomi 等，2010。获 SPE 版权使用许可）

二、流量和液量

水力压裂设计的一个基本方面是流量和液量。尽管依赖于现场实际情况，流量将控制裂缝高度。离井的裂缝长度取决于注入体积（图 7-3）。通常情况下，较高的流量更有利于裂缝的纵向生长，而较低的流量更有利于裂缝的高度控制（Inamdar 等，2010）。无疑，裂缝的高度和长度与裂缝宽度及裂缝的复杂度存在本质上的联系。尽管如此，确定相对于注入特征得到的实际高度（图 7-4）和长度（图 7-5）使我们能够对准备做的压裂设计进行优化。图 7-4 中显示的裂缝高度研究是一个用于应对具体工程挑战的微地震项目的一个很好的实例，其中监测用于测定工程试验的影响，这里是用于优化图 7-3 中概略显示的流量。试验结果是一个优化流量的具体的工程建议，在项目构思过程中可以评价潜在的成本收益。

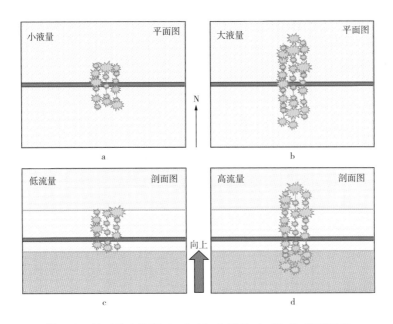

图7-3　针对注入体积（a和b）和流量（c和d）所显示的
各种裂缝生长情况的示意图

上部平面图显示针对较小注入体积（a）较大注入体积（b）时，裂缝有限长度生长情况。下部剖面图显示相对低流量（c）与区外生长较长的较高流量（d）的裂缝有限生长（受控）的对比情况

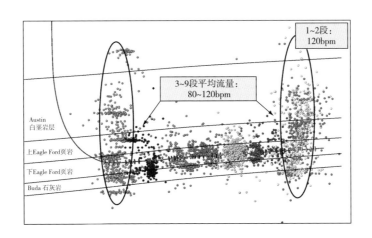

图7-4　Eagle Ford页岩层水平井多段改造的剖面图

不同的颜色代表不同的压裂段。前两段流量为120bpm，而观测到的微地震活动远高于奥斯汀白垩层中的目的层。在第3段，流量降低到80bpm，并在其他段慢慢升高，导致微地震活动控制在Eagle Ford下部目的层。第9阶段再次达到120 bpm，又显示显著的纵向生长。这个例子说明微地震监测怎样用于测试不同流量。在这种情况下，优化流量以获得理想的深度覆盖，而不把能量浪费到压裂层位之外（据David Purcell，SM Energy）

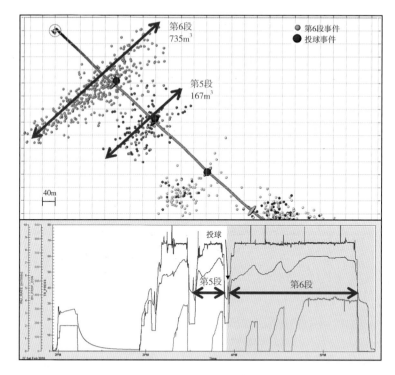

图 7-5　Rock Creek 砂岩地层中一口水平井的多级改造的最终阶段的
平面图（顶部是平面图，底部是工程注入曲线）

在第 5 段总共注入 167m³，在第 6 段以相同速度对更长的层段注入 735m³。注意，与第 5段（洋红色）相比，第 6 阶段（灰色）的裂缝长度更长（据 Maxwell 等，2011。获 SPE 版权使用许可）

三、流体类型、添加剂和转向剂

　　常见的储层改造用流体具有不同的黏度，可以使用如增能二氧化碳或氮气等添加剂来调节。为避免作业时不需要的反应，流体的选择受储层的地球化学性质的左右。然而，黏度会影响水力压裂裂缝的生长。因此，微地震活动可以用于验证流体响应。例如，在一个致密地层的改造过程中，优选黏性凝胶而非滑溜水，以避免不需要的流体滤失，限制裂缝的效果和最终尺寸（图 7-6）。换句话说，可能需要一种黏性流体来促进支撑剂的输送。不同流体的微地震响应可以用于压裂作业过程的对比（参见第一章，图 1-3），以便针对需要的几何形态来选择压裂液。例如，Verdon 等（2010）描述了用凝胶和纯 CO_2 压裂的对比极端实例（图 7-7）。在本实例中，CO_2 导致相对较短的、较宽的和较高的裂缝几何形状。

　　在改造期间也可以使用转向剂来控制裂缝的生长方式。向压裂液中添加球或支撑剂段塞（砂子的高浓度短期注入，或者还有一种结块剂，例如纤维素纤维），输送到接收很多流体的起裂点。这些转向剂可能临时阻塞裂缝，并在一个不同区域诱发新的裂缝生长（Potapenko 等，2009）。实时微地震成像和压力（流量）响应可以用于评价转向剂的有效性，使工程师们能根据需要采取反应行动（如添加更多的转向剂）（图7-8）。

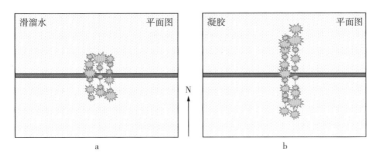

图7-6　显示流体滤失和裂缝长度生长的微地震情况的示意图

预计滑溜水可能产生更多滤失，流体滤失到地层中产生一个较宽的破裂带（a）。更具黏性的凝胶往往较少滤失，并可能产生一条较长的裂缝（b）。预计黏稠压裂液也可能在裂缝起裂点之间产生更均匀的裂缝

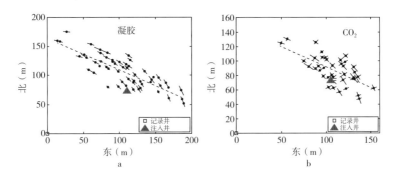

图7-7　使用水基凝胶注入（a）和纯的超临界 CO_2 注入（b）的水力压裂裂缝的平面图

考虑 CO_2 的黏度更低依赖于天然气在地层中有多长时间保持超临界状态（据 Verdon 等，2010）

四、支撑剂分布

如前面的章节所讨论的，尽管微地震活动不直接显示支撑剂处于改造裂缝网络内什么位置，但可以使用一个经微地震标定的裂缝模型来估计其整体分布。然而，可以将微地震活动的时空生长特点用于推断是否发生了砂堵或脱砂（图7-9）。工程师往往根据依靠压力记录来解释砂堵，主要基于相对于流量的压力增大由砂堵引起。然而，只有在发生砂堵并足以限制水力流动，同时增大背压时才会引起压力变化。微地震活动可以在堵塞开始形成时发出预警，使我们有时间采取预防措施，比如注入一个流体段塞，冲走堵塞（图7-10）。脱砂可能导致与洗井和有关压裂延迟产生的成本，根据微地震观测结果采取早期预防措施可以节约未计划的作业成本。

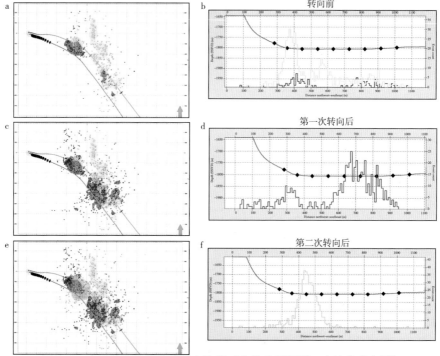

图 7-8　水平井施工改造的四个阶段（左边为平面图，右边为直方图）

作业试图使用转向剂来压裂几个畅通的射孔孔眼（彩色圆盘），以确保所有射孔点产生裂缝。通常采用几个压裂段来压裂这些射孔孔眼，但是在本案例中，固井质量差导致人们对压裂段隔离度的担心。a 和 b 为施工的第 1 阶段，早期微地震用蓝色显示，后面的事件用黄色显示。c 和 d 为在第 1 次转向之后的微地震活动，成功地产生远离井筒的微地震活动（红色）。e 和 f 为在第 2 次转向后的最后阶段，在射孔段的中部产生微地震活动（青色）。使用微地震监测成功地实时跟踪了转向的有效性（据 Rodionov 等，2012b）

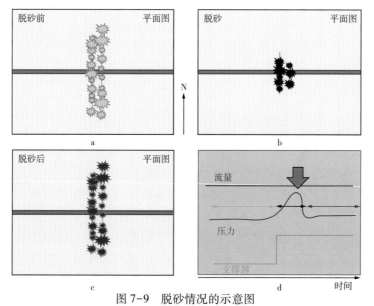

图 7-9　脱砂情况的示意图

a—远离作业井的初始微地震活动；b—脱砂导致的增大的泵压和靠近井眼的微地震活动；c—在脱砂清除之后，裂缝可以继续生长；d—注入参数随时间的变化

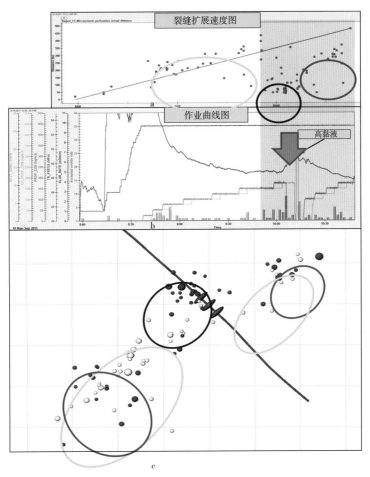

图 7-10 根据对实时微地震活动的早期预警主动修改注入作业，避免即将发生的脱砂的实例
a—从射孔点到微地震的距离与时间的关系图（彩色代表不同期间）；b—注入记录和微地震直方图，蓝色
箭头表示解释的脱砂；c—显示射孔点、初期事件（黄色）、脱砂过程中（蓝色）和注入高黏段塞后，清
除脱砂（红色）的水平井平面图（洋红色圆盘）。微地震活动表明在压力增高之前形成脱砂堵塞，同时提
供了调整措施的有效性方面的信息（据 Rodionov 等，2012）

第二节　完井设计的验证和优化

一、完井类型与设计

传统的打桥塞再射孔完井的替代方法得到越来越广泛的应用，尤其是滑套式机械系统的使用。通常情况下，将特定直径的隔离球注入井中，固定在相应尺寸的球座中，阻塞井眼，作用在球上的注入压力致使机械套筒打开（参见第二章，图 2-7）。更复杂的套筒作业正在不断发展，其中包括不同封隔器类型，通过少数几种尺寸的球和电子传感球带动多个滑套。可以通过检测打开滑套的地震信号（投球事件）来保证滑套打开的正确

操作（图7-11）。这些信号也可用于检波器的定向和速度模型标定（Maxwell 等，2011）。

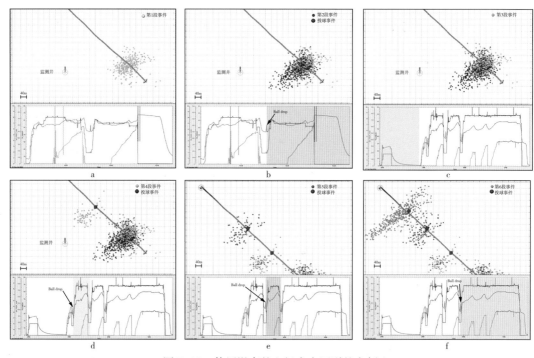

图 7-11　使用滑套的六级水力压裂的实例

每幅图底部显示注入记录，阴影表示对应段范围，顶部为平面图，说明微地震活动和裂口的位置以及投球事件（红色）。在本实例中，第 1 段（a）和第 2 段（b）导致相同段的改造，出现脱砂。在洗井过程中，压裂停止，并在次日第 3 阶段（c）继续压裂，没有观测到投球信号，微地震活动群仍集中在如前所述的相同区域。根据微地震，第 3 阶段被放弃，第 4 段在适当的压裂口位置成功投球事件之后进行泵注。第 5 段（e）和第 6 段（f）使投球事件出现在正确的位置后成功泵注（据 Maxwell 等，2011。获 SPE 版权使用许可）

　　也可以使用微地震来对比打桥塞加射孔完井与滑套系统完井的性能。在理论上，由于滑套完井时沿封隔器之间水平开放段井眼具有形成更多裂缝起裂点的更大可能性，会产生更复杂的裂缝（图7-12）。然而，裂缝生长仍然可能优先沿滑套排列，影响压裂段的隔离度（图7-13）。同样地，可以使用微地震来追踪其他完井设计的有效性，包括可以沿横向上任一点起裂的裸眼完井（Maxwell 等，2009）。

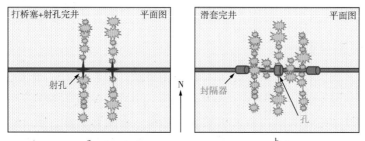

图 7-12　打桥塞+射孔完井（a）与滑套完井（b）情况对比示意图

预计在具有滑套的封隔器之间的裸眼井段会有更多的裂缝起裂点

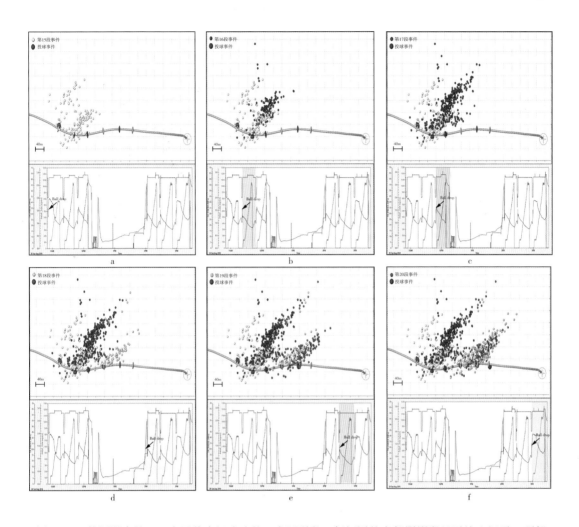

图 7-13　使用滑套的一口水平井多级改造的 6 个压裂段。每幅图的底部阴影段显示注入记录，顶部为一个平面图，说明微地震活动及裂口和投球事件（红色）的位置

a 为第 1 段在相应的压裂口具有微地震活动，但沿井生长到下一个压裂口。第 2 段（b）和第 3 段（c）沿相同趋势继续延伸，说明段隔离度差，在这 3 个阶段之间形成一个继续向外生长的裂缝网络。第 4 段（d），第 5 段（e），以及第 6 段（f）裂缝相互紧靠，微地震覆盖大部分水平井段（如图 7-12b 所示）（据 Maxwell 等，2011。获 SPE 版权使用许可）

　　微地震对于监测传统的打桥塞加射孔的完井设计的有效性也很有用。可以在簇内以特定间隔射孔。大多数设计假设每个射孔簇占据改造范围的相等部分。然而，如果某些簇更易于注入（无论是由于岩石组构差异还是应力状态原因），这些簇会消耗更多的流量（图 7-14）。尤其是当井眼位置在夹层之间上下摆动时，具有规则间隔的射孔点可能位于不同的岩石类型中，并会导致不均匀的压裂。沿井身具有足够定位精度的微地震分布也许能区分均匀的和不均匀的储层改造。

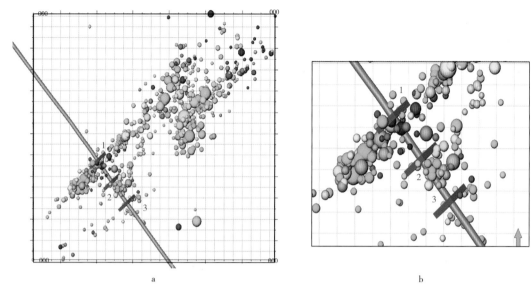

图 7-14 多段水平井改造的一个压裂段的平面图（a）及其图中显示的事件簇的特写（b）

事件大小表示震级，颜色代表时间（红色为早期事件）。早期事件簇接近每个射孔簇，但是裂缝最后仅在第 1 簇向外生长。在另两簇中仅产生相对较少的事件活动。注意，本井的东北方位具有相对的复杂度（据 Mark Norton，Progress Energy）

二、段隔离

一个常见的设计考虑是在每个压裂段形成一个明显的裂缝网络。可以使用准确的微地震定位来区分单独段之间的隔离还是重叠（图 7-11、图 7-13 至图 7-15 中显示的实例）。使用微地震已经观测到压裂段重叠的极端情况，这时可以减少沿井的长度方向的段数，而不影响对井的覆盖度。例如，重叠的量可以用每段的增产体积之和与所有段联合活动的改造体积的比值进行量化。如果该比值高，可以减少段数，大量节省改造整个压裂段的成本。可以使用各种段数的井的统计采样来检验级数的变化，并研究其对生产的影响。也可以使用接近实时的微地震来选择射孔点位置，用于即将进行的作业段，以避免对早期已改造岩石的重复压裂（图 7-16）。重要的是要注意到，因为不可能在整个层段都进行有效排采，可能需要一定程度的微地震体积的重叠。

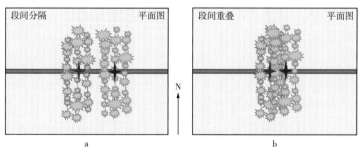

图 7-15 两个压裂段之间的段隔离情况示意图

段隔离会导致空间上独特的事件云（a），尽管重叠段会导致重叠的微地震位置（b）

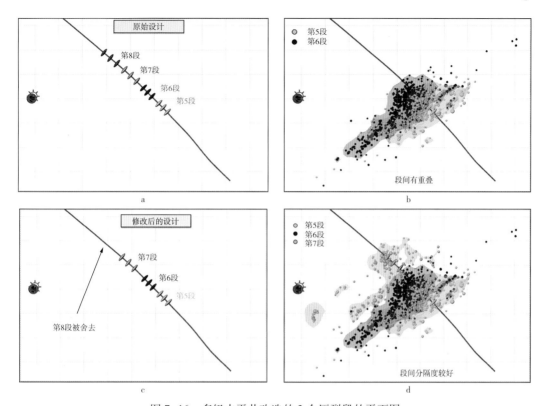

图 7-16　多级水平井改造的 3 个压裂段的平面图

a 为原来的射孔设计用 4 个有规则间隔的射孔点；b 为第 5 段和第 6 段重叠的微地震活动；c 表示改变第 7 段射孔点以避免进一步的重叠的决策。为避免压裂进入监测井，第 8 段被去掉（红色）。d 表示第 7 段微地震活动显示与前面阶段的重叠较少（据 Rodionov 等，2012）

三、压裂段顺序

使用已钻的多口平行井，并从相同的地面平台位置进行改造。一个常见的情况是对平行井同时进行压裂（图 7-17），或者在沿井的类似位置或稍微偏离位置的邻井之间进行交替段压裂（拉链式压裂见 King，2010 年的描述）。这些排序方案不仅是简单的试图连续使用地面压裂设备的统筹安排问题，而且还可能改善水力压裂响应。假设条件是两口井之间的岩石将具有来自于每口井的应力的叠合，并可能更有效地改造（图 7-18）。另一方面，在完成改造初始阶段的泵注后，可以采用一定时间周期的关井阶段，在压裂改造泵注其余流体前让岩石松弛达到平衡状态。Ejofodomi 等（2010）报道说，在松弛时间之后，后续改造的微地震活动率显著增大，上升储层的地质力学响应表现

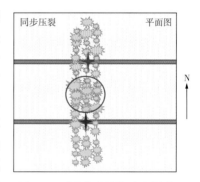

图 7-17　同时压裂情况示意图

采用两口平行井进行同时压裂，以便在井与井之间形成更复杂的裂缝（圆形区域）

不同。另一个类似的积极安排的考虑是每段完成后的等待回流时间段。微地震可以用于研究这类方法中任一种方法的有效性。

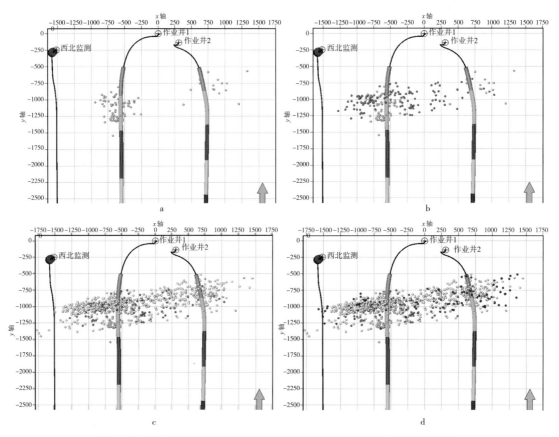

图 7-18　两口水平井的同时压裂平面图（绿色层段是每口井的射孔段）

a—初始事件簇靠近每口井，尽管稍微与 2 号井的下一段（橙色）重叠。b、c 和 d—后续事件在井间生长。在压裂结束时，在每口井周围聚集了更多的微地震活动，井与井之间事件集中度较低。尽管地震云看起来排列一致并形成了一种连续性趋势，但是在本特例中井与井之间没有看到事件集中度增大的现象（据 Waters 等，2009。获 SPE 版权使用许可）

四、重复压裂

在非常规储层中，井的重复压裂正在成为一种上升趋势。如果初期产量小于预计产量或者经过一段时间的生产后油气流量下降，有时需要考虑采用重复压裂方案。只要额外的改造成本可以被提高井产能的收益所抵消，重复压裂就在经济上具有吸引力。因为对整口井已经进行了水力压裂，需要一种方法来控制注入初期改造阶段的开放射孔点。考虑原来改造期间记录的微地震活动，有利于识别井中前期改造遗漏的部分。通过新的射孔可以重新改造原来水力压裂中存在的任何严重缺口。因为原来的微地震肯定是老数据，值得用更新的算法对数据进行重新处理来得到改进的结果和解释。实时微地震可以用于监测重复压裂，识别沿井眼的新的水力压裂产生在哪里（Potapenko 等，2009）。直接对感兴趣区域操控水力压裂可以用于工程决策。由于井的基础设施已经就位，重复压裂可能是一种用于提高井的性能的经济有效的程序。

第三节 验证和优化井的设计

一、井的方位

通常情况下，水平井钻井垂直于主要水力压裂裂缝方位（即沿最小应力方向钻井，使得拉张水力压裂裂缝开启方位与最小应力方向正交，也与井的方向正交），形成横向裂缝（图7-19）。通常认为这种布局是最佳的，使穿过井的水力压裂裂缝的数量最多。另外，也可以沿水力压裂裂缝方向钻水平井（即平行于拉张水力压裂裂缝方向的最大应力方向），以便产生纵向裂缝。在这种布局中，水力压裂裂缝不能大量地分布到储层中并沿井横向生长，因此限制了储层接触及生产。段隔离也存在纵向裂缝问题，因为裂缝往往在段起裂点之间生长。钻井方向也可以与水力压裂裂缝方向斜交。例如按照油气开发边界或者根据钻井平台位置钻井。斜交时水力压裂裂缝破裂会比较困难（图7-13），会由于沿离前面压裂段最近的一侧的应力预置而使裂缝不对称生长。如果已知水力压裂裂缝的方向，可以随意钻横向、纵向或斜交方位的井。然而，如果方位未知或者碰巧由于地质的非均质性或构造而发生变化，裂缝方位可能由于粗心没有达到最佳。

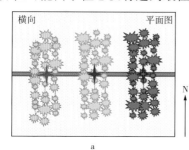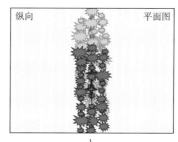

图 7-19 相对于作业井方位的裂缝方位平面示意图

a 为与井正交的横向裂缝是最佳的储层接触的优先取向，对比于平行于井的纵向裂缝（b）

另一方面，可以形成水平水力压裂裂缝，而不是垂直方向的裂缝。在这种情况下，微地震云往往形成一种水平圆盘片形状。也可以使用横波振幅作为一种诊断，对于井中跨越储层目标的记录，水平裂缝产生时具有较高的垂直与水平横波振幅比（Maxwell 等，2007）。为了获取所需的最佳横向裂缝，在这些方案中直井可能更适合。同样地，如果目标油气藏由垂直叠置的目的层组成，层间有限制水力压裂裂缝生长的阻挡层，钻直井更适合于用单井眼与多目的层形成简单接触。

二、靶点

钻水平井的一个关键决策是确定什么深度造斜或进入储层（图7-20）。对于一个巨大的、均质储层段的理想情况，比较明智的是钻达储层底部附近，以便水力压裂裂缝向上生长，覆盖储层。举例来说，考虑钻一口假想的水平井，入靶点在如图7-20所示的直井背景下的每个射孔段的中心。钻一口水平井到达第 2 段的射孔深度，将达到对目标层段的理想覆盖。然而，达到第 1 段的层段，对于泵注作业，可能导致裂缝向上和向下生长，尽管更有效，也需要检查是否用更低的流量，以便更好地控制裂缝。

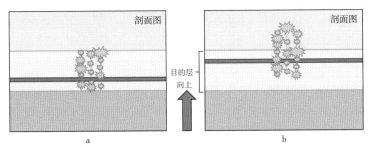

图 7-20 显示不同的深度覆盖度的靶点情况示意图
覆盖取决于井在本段中的位置较低（a）或较高（b）

对于第 3、4 段，靶点也在图 7-20 中，类似的裂缝向上生长和射孔深度附近微地震活动会产生有效的裂缝系统。当然显示的实例可能与固井问题有关，但这里假设是由于远离井生长的水力压裂裂缝引起的。然而，当储层内存在分层和潜在的裂缝屏蔽层以及隔挡层时，或者存在改变纵向生长特征的阻隔层的横向地质非均质性时，这些理想化的情况可能不成立。某些区域可能更利于裂缝生长以及加宽，但其他区域可能破裂但限制裂缝宽度。如果钻达的层位裂缝宽度生长受限时，置入支撑剂并保持与井眼的水力连通性可能会产生困难。

更有利的情况是将井眼钻到适应裂缝宽度生长的层位，以便靠近井眼的裂缝得到适当支撑，让其他区域流体可以流动。为达到这一目的，可以使用经微地震标定的综合裂缝模型。也可以采用一种综合微地震、压裂模拟和不同钻井设计的测试方案，来评价最佳的靶点。可以使用控制钻井设计或与井眼纵向摆动有关的潜在的正常深度变化来实现方案测试。理想情况下，对不同设计的测试将包括生产监控，用于确定解释结果。例如，图 7-21 显示了一口斜井的实例，沿井身的不同段在不同的相对深度完成。在本例中，微地震活动的整体高度类似，但是不同段之间微地震事件的数量存在显著的差异，与生产测井的结果具有相关性。在这种情况下，尽管这两个单元之间的流体排采方面存在差异，上下 Eagle Ford 层似乎有两个可行的靶点可形成类似产能。但在黏土层内选择靶点效果较差（Patel 等，2013）。

三、井的完整性

套管变形可能导致作业问题，在最差情况下，井被舍弃。尽管许多因素都可能导致井的完整性问题，与微地震的一种特别关联是井的剪切（Kristiansen 等，2000）。微地震广泛应用于监测蒸汽驱过程中套管损坏和作为裂缝滑移诱发井眼损坏前兆的微地震排齐（Smith 等，2006）。同样地，可以使用微地震活动来追踪水力压裂过程中的套管和井眼形变，用于确定具有地震活动性的近井构造的位置和方位。套管断裂、封隔器或桥塞移动及其他可能产生具有特定特征地震信号的机械的井和完井位移均可以用于检测并将它们与常见的微地震事件区分开来（Smith 等，2006）。即使在水力压裂注入之后发生井的破坏，在改造期间记录的微地震事件也可以用于揭示有问题的井中压裂设备。

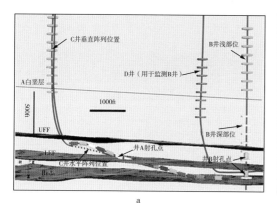
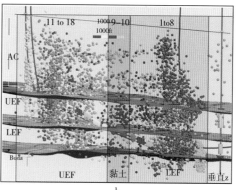

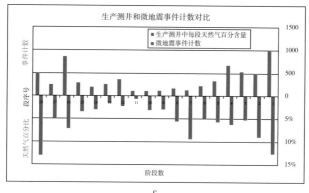

图 7-21　Eagle Ford 页岩研究不同的靶点的斜井案例

a—剖面图显示井轨迹及射孔位置。b—分段用彩色显示的微地震活动。中心部分表示处于上下 Eagle Ford 之间的黏土层的压裂段。c—用蓝色表示事件数量和红色表示生产测井的直方图。注意事件数量的相关性，靠近黏土层的中段事件数量减少（据 Patel 等，2013）

第四节　验证和优化油气田设计

一、井距

确定最佳井距是一个重要的具有重大的经济意义的油气田开发决策。井距太远可能会导致资源未开发。另一方面，井距太近会增大井的密度，因而导致成本增大，而由于邻井排采重叠区间之间井的干扰，可能进一步导致减产（Maxwell 等，2011b）。如果裂缝生长进入或只是接近邻井，可以用微地震进行成像。井的成本很高，所以从经济角度优化布井对油气藏的可开发性有重大影响。可以通过分析水力压裂裂缝的微地震半长度来确定井距，并给出邻井位置，以便根据预计储层排采来确定每次压裂有所重叠或间隔一定距离（图 7-22）。可以直接通过微地震位置来解释压裂范围，但是正如上面章节的描述，整个层位可能没有受到有效支撑并产生流动。标定的裂缝模型可以用于估计支撑层位，然后使用油气藏模拟来估计排采模式。邻井间距选择时要使支撑区和排采区能互相接触到（图 7-22）。当井距太紧密，可能导致相邻井改造的干扰以及随后的生产干扰。井的干扰可能导致邻井意外的和潜在的危险的压力突变。另一方面，井距太远会形成井与井之间的储层形成孤立的不可排采部分。

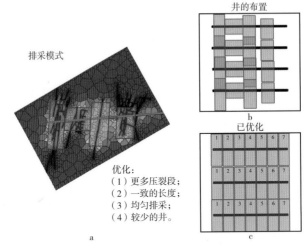

图 7-22　基于第六章的图 6-24 的井间距示意图

a—储层压力估计图上蓝色方块为近似的有效排采区。b—假设其他井有类似的排采区，可以初步设计井距。由于有些压裂段的长度比其他的长，在这些压裂段有一个重叠折衷区，以减小其他段之间无排采的空隙。c—可以使用具有更均匀的井的覆盖率的改造设计来改善剩余的未排采区域。例如，对相对多的更均匀的压裂段进行泵注，可能导致更有效的流体排采（据 Cipolla 等，2012。获 SPE 版权使用许可）

二、井位部署

在油气田开发早期，会优先将井位定在油气藏的"甜点"区，那里烃类聚集，岩石物理性质适于形成理想的水力压裂几何结构。通常情况下，对微地震和反射地震数据体的研究用于理解如何通过地震数据体来预测储层裂缝响应，这又影响到建井决策（尤其是在哪里布井）。例如，钻井要避开断层，或者在低应力区域钻井，或者在岩石更易于破裂的区域钻井。如果微地震显示不对称裂缝生长，而根本原因确定为压力、应力或先存断层或裂缝，布井时就要避免这些问题。Maxwell 等（2010a，2010b）讨论了微地震活动显示由于裂缝优先生长进入泊松比数据体显示的较低应力区域，形成不对称的水力裂缝网络的储层实例。后面的井在具有较低泊松比的区域中心直接钻探来形成有利的对称裂缝（图 7-23）。此外，可以使用三维地震来识别较好的钻探目标，这些目标含有天然裂缝，会形成复杂的裂缝网络。当与微地震结合后，能够为改善井位部署提供有用的指导。

三、诱发地震活动和断层活化

第六章中讨论了利用各种微震观测，包括震级、b 值、机制及与油藏模拟的整合，从微震活动来解释断层活化。考虑断层活化的应用有两种情况。第一种情况是与未知断层相互作用。在某些地层中，断层相互作用可能导致裂缝生长进入目标储层以外的水层或者含酸性气体层（图 7-24）。可以实时利用微地震，尤其是异常事件震级来检测这种层位以外的生长，在非所需要的裂缝生长发生之前停止改造或者进行更改。第二种情况是与已知断层（通过地震、取心、地层成像测井或者通过测井曲线确定的油气田构造而识别出来）的相互作用。一旦识别了断层，设计储层改造和井的计划时就可以使潜在的断层相互作用最小化。例如，如果一口井钻穿一条断层，就可以避免在一些段压裂，以便在断层附近形成一个缓冲带。可以使用微地震来监测潜在断层的活动，研究缓冲带附近压裂的影响。

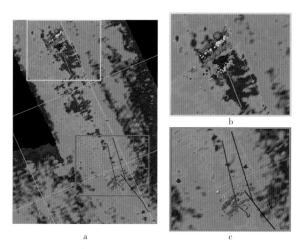

图 7-23 综合微地震和储层特征进行井位部署的实例

这种情况（也如第六章图 6-17 所示）表示微地震优先发育进入低泊松比（PR）区域。a—在底部洋红色方块内的 3 口井以北识别出具有更均匀的低泊松比的区域（在顶部橙色方框中的红色区域）。在对储层特征进行综合以及识别出了低泊松比区域的优先发育情况后，通过低泊松比区域中心钻了一口新井。b—在 a 中顶部橙色方块的放大图像。注意新井区域内的相对对称的微地震活动。c—在 a 中底部洋红色方块中的三口井的原始区域的放大图像（由 Mark Norton，Progress Energy 提供）

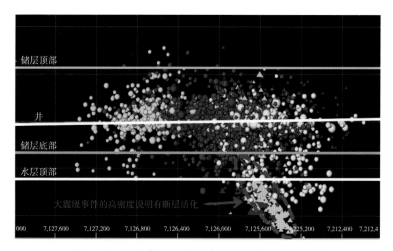

图 7-24 具有断层活化的多级水平井改造剖面图

前两段（青绿色和红色）局限于含水层上面，但是第 3 段（蓝色）沿含水层的断层产生了几个事件。最后压裂段（黄色），断层活化继续，在含水层中出现更多事件（据 Cipolla 等，2012。获 SPE 版权许可）

断层活化的一个极端的情况与人们对与各种能源开发行为有关的潜在诱发地震活动的日益关注有关。注水诱发的地震活动要么与水力压裂改造本身有关，要么与后期油气生产过程中收集的废液的注入有关。

尽管水力压裂短期注入只能触发少数有感地震，与废料有关持续注入相对较大的累积容积，可能带来较大的异常地震活动的风险。不管怎样，对诱发地震活动的监测是与非常规储层改造及生产有关的重要的微地震应用（尽管地震活动的规模可能为微地震或大地震）。处理异常地震活动的常见工作流程包括根据背景地震监测或历史地震活动来研究诱发地震活动的潜在危险。显然，正在进行的监测对于研究并潜在地去控制异常地震活动也是很重要的，这主要通过为努力减小较大震级事件的工作提供反馈来实现，例如减少流量或改变注入模式。水力压裂或具有诱发地震活动潜在可能的长期注入的作业计划一般包括一个"交通灯"系统，其门限值通常根据已记录地震活动的震级来设置。根据交通灯状态，如果出现极端震级，作业时可采取各种缓解措施，如减小流量、跳过计划的压裂段或者有可能终止水力压裂（Majer 等，2007）。

诱发地震活动的产生机制是由于临界应力状态的断层的压力增大触发的滑移。对于水力压裂过程中典型的断层活化，可能产生相对较大震级的微地震事件。在离井一定距离的构造中的应力激化或干微地震事件可能是构造应力的一个象征，只需要最小的改变，就能在临界应力断层上产生地震活动。当断层活化时，有各种因素控制着震级大小，因此在前面的储层改造中观察微地震事件的大小，是评价有感异常地震活动风险的起点。一个区域以前项目的震级观测使我们能够洞察可能产生的震级。然而，根据前面断层相互作用及断层性质的方向、储层的应力非均匀性，以及与注入压力、流量和液量有关的滑移特征，震级可能增大或变化超出前面产生的震级范围。目前，行业缺乏对即将发生的地震的可能性和相应震级提供预警的稳健的可预测的预报模型。来自天然地震的概率地震灾害模型尽管由于需要对重现率的了解而在可靠预测上也不足，但可能适用于处理诱发地震活动。最后，目前工业界在理解为什么仅有非常少的孤立案例中有诱发地震活动，而大多数的注入作业没有诱发地震活动遇到了挑战（Maxwell 和 Szeleski，2014）。

识别那些易于成为异常地震活动的断层在技术上具有挑战。尽管有时断层可能在地震剖面上没有明显特征，但地震反射观测有助于确定有问题的断层面。在注入早期诱发的微震活动有助于识别地震活化断层。此信息可以用于避免直接注入断层，并减少诱发有感地震活动的风险。在注入过程中微地震断层信号增强，可能导致层位外压裂、明显的方位改变或异常震级及事件发生率（图 6-17）。在此情况下，实时微地震使我们能在进一步出现非所要求的结果之前终止该段压裂。被动地震监测显示是应对诱发地震活动关注的一项关键技术。虽有争议，但可以说诱发地震活动最大的挑战根本不是技术问题的细节，而是公众对风险的认知和有关作业的公共许可。向公众和媒体详尽地灌输技术事实，公开透明地发布地震监测结果是这一敏感话题的重要方面（如 Majer 等对地热注入的建议方案，2007）。

四、储层表征

一些已公布的案例研究描述了一个储层表征集成工作流程，用于解释微地震模式的变化。通过将微地震与地震反射数据体（包括各种弹性属性或叠后属性）的结合，可以理解水力压裂的变化。例如，Rich 和 Ammerman（2010）描述了巴耐奈特页岩内的一个实例，其地震曲率用于研究弯曲的地质构造和有关应力变化，突出对水力压裂几何形态的影响。在第六章中，Maxwell 等（2011）描述了综合微地震和三维地震体研究水力压裂的不对称性和视断层活化作用的一个实例。钻井前，有可能使用井筒成像或者其他测井导出属性标定的地震参数来研究钻井前应力和材料性质的变化，更有效地定位未来的钻井位置，并预测局部水力压裂响应（Iverson 等，2013）。

第五节　生　产　优　化

最佳生产需要对优化的改造、完井和井位部署进行综合，每个部分都有许多如上单独描述的基本分量。理想的油气田性能包括一系列优化定位和设计的井，每口井具有较大的裂缝接触面，通过水力与井连接。然而，还有潜在的可能显著影响性能，但不具备微地震特征的因素，例如支撑剂嵌入或细粒运移堵塞支撑剂充填层。显然，许多问题需要纠正，还有其他贡献方面可以从水力压裂微地震岩石形变中得到。例如，注入后裂缝闭合或水力传导率的损失可能对生产造成不利影响。尽管如此，上述各方面对于优化生产都很重要。即使在相对成熟的盆地，生产也往往没有得到优化，而是由几口好的生产井因素代替。例如对于巴奈特页岩，尽管最佳井随时间变化的性能增高，由于好井的性能被差的生产井抵消，单井平均产量保持稳定。业界必须深入理解有效水力压裂完井的演变和真正优化的生产。

如第六章所讨论，有些实例说明微地震改造体积与井的生产过程相关。不管怎样，有效的多段水平井的目标是优化整个水平段性能。上述对不同的页岩区的样本井的生产性能研究已经说明，大量生产往往来自于极个别的射孔簇或压裂段，大多数簇对总产量并不产生显著贡献（Cipolla 等，2010）。

有两种方法来查看该信息：要么由于改造效果差，改造的大量要素被浪费，要么如果整个井段的性能等于该井的最佳段，整体性能明显提高。很少水平井有生产测井能显示各个井段的相对贡献。已经公布的具有微地震的生产测井的实例更少。在一个裸眼完井实例中，微地震簇显示了具有丰富产能的先存裂缝（Maxwell 等，2009b）。然而，在另一实例中，发现产量和集中的微地震活动存在一种反相关关系（Moos 等，2011）。在一些实例中，沿一口井的微地震体积的变化在不同段的相对性能上有反映（Ciezobka，2011）。这应该不是一个必然令人惊奇的观测结果，因为微震活动性可能与裂缝闭合有关（Rutledge 等，2004）。看来，微地震与井的性能的联系依赖于许多因素。存在一种依赖于这些驱动因素的与具体现场极其相关的关系。因此，不要仅将微地震作为压裂效果和产量的代表，理解各种控制因素的影响和每个影响因素是如何反映到微地震和生产响应中显得更为有用。

改造水力压裂裂缝网络的长期动态也是井的持续性能方面的一个问题。在初期生产过程中活化的水力压裂网络在储层的生命周期中可能并不能保持不变。当压力和应力随着生产的进行发生变化时，网络的各个部分液体可能随时间启动或停止流动。对生产周期的长期的微地震监测可能揭示裂缝网络的变动。尽管当井投入生产后，用各种监测项目对压裂后的微震活动进行监测，在生产过程中微地震事件仿佛很少出现，结论性案例研究还没有发布。尽管如此，在探索生产过程中潜在的微地震活动还正在进行研究。时移（4D）地震勘探有可能与微地震监测联合使用来追踪水力压裂裂缝系统和储层排采的长期动态。对整个油气田的流体生产进行监测对于整体储层的经济性相当重要。监测有助于确定井的间距和布置是否是最优的，以避免井的干扰，还能确保资源不被遗漏。

第六节　确定微地震项目的价值

在开始一个项目之前，尽管有确定微地震价值的明显愿望，其经济因素却难以量化。很少有发表文章讲述将微地震监测应用于水力压裂的经济收益。然而，由于微地震裂缝成图具有快速而广泛的适应性，显然具有内在的信息价值。非常规资源开发的经济效益通常不高，钻完井成本相对较高。关键是要将低成本开发与优化作业结合来使收益最大化。井的成本一般为几百万美元，其中25%可能是水力压裂成本。微地震成本可能会有变化，但它们一般只是压裂成本的一个很小的百分数。不管怎样，考虑通过微地震监测获得的信息的成本收益是很重要的。

在邻井使用相同的设计造成高低不同的生产率的实例很多。显然存在局部位置成分，根据不同的局部位置条件，需要符合目标的设计。为了区分好井和差井，工程师们必须了解生产是由储层质量控制，还是由于地质非均质性影响了完井或储层改造的效果。即使井的平均性能的逐步改善也能对储层的长期经济效益产生显著的影响。

沿水平井长度存在不同产能的实例有很多，这时仅少数段在生产。不钻那么长的水平井段或不对非生产段进行压裂就有可能降低成本。另外，如果所有压裂段的贡献都像最好的段那样，产量就会提高。影响任何一方面对资源都会产生直接的经济效益。此外，在储层生命周期中改善措施实施得越早，总的经济影响就越大。

然而，在某些情况下，微地震对意想不到的水力压裂可提供重要信息。微地震可以为压裂作业或完井作业的问题，以及由于裂缝的意外生长造成的问题提供深入了解。显然，很难建立与未知的意外情况有关的潜在信息价值，除非将利益作为基于性能改善的统计度量。在某些情况下，对一个具体项目的成果，很容易通过相对于数据采集成本的增加产量的预测净现值（NPV，net present value）对信息价值和经济效益进行量化。例如，在重复压裂作业过程中，可以测定提高的产量并预测投资回收期。同样，如果水力压裂段或射孔的数量增加或减少，可以通过数据成本对成本的节省或增加进行加权。比如，微地震监测表明采用的压裂段太多，而减小后面井的段数，就可以从完井数量预计节省的成本。同样地，实时作业干预措施的成本节省也可以量化。干预措施可以阻止即将发生的脱砂、防止断层危害，以及避免对井眼的补救修井或风险。最后，如果随时间跟踪相对于成本的井的性能，就可以跟踪由于通过微地震来决策带来的产量增加的价值。

一系列的决策和因素控制着如上所述的压裂改造、完井和井的效能。即使储层在地质学上是均匀的，所有井具有类似的表现，如果不对有关储层响应进行成像，就无法在初始阶段选择一种优化组合。当然，仅使用注入和生产数据就可以评价储层响应，但是了解裂隙几何形状，就可以在指定条件下进行优化。当然，更常见的是如果反复使用相同的作业策略、地质情况和后勤的变化会导致许多不同的结果。通过监测水力压裂裂缝的统计采样，改变一种特定的工程变量而保持其他因素不变，响应的变化率可以得到量化。采样可能是从有意义的因素（而不是上面的更完整的清单）中选择。从该统计总体和共同因素之间潜在的平衡，可以确定所有参数的一种平均最佳方法。持续监测还可以为避免地质灾害和作业困难提供价值，同时也为优化方法提供持续验证。

然而，一个有价值的微地震项目的关键是首先列出可能对压裂改造产生不利影响的主要因素，或者可能对开发和生产成本产生显著影响的有关问题。微地震项目应该在设计、数据采集和处理时考虑这些因素，要事先将重要决策点识别出来，以便权衡监测数据（图7-25）。工作流程从设计目标和设计开始，接着是数据采集、处理和解释，还包括这里描述的质量控制方面。最后的重要步骤是根据最初的目标做出一个工程决策。图7-25中心图件（来自图7-3和图7-4）所示为最佳流量问题。项目设计应涉及沿水平井各段采用不同流量，以便确定控制压裂在层内发育的取值范围。可以使用这种示意图来将预期结果概念化，在这种情况下，形成一个测试不同流量下裂缝纵向生长的试验性设计。

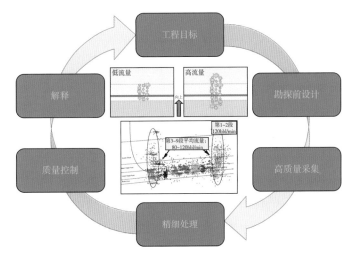

图7-25 理想微地震项目的决策工作流程图

首先描述了项目的工程目的，可以通过一个示意图概念化（如图中圈内上图），研究各种流量下裂缝的纵向生长。进行勘探前设计，旨在获得足够的微地震数据来回答这些问题，然后进行采集、处理和解释（包括质量控制）。圈内下部图件描述了跟踪与各种流量有关的裂缝纵向生长的微地震结果。工作流程是一个闭环，基于监测的最佳流量执行推荐的工程决策。此信息的价值可以根据相对于有关生产的优化作业成本的净现值来进行量化

有各种方法来设计这样一个试验性项目，但是图7-4显示的结果表明最佳流量和提高经济效益与地层内保持裂缝生长有关。如果工程师们想要对比两种不同的压裂策略，图7-26是一种推荐的试验设计，需要强调将测试保持在可检测范围内。显然，准确的测试工作流程取决于有关储层的认识水平和做出积极改变。

在过去的10年中，微地震监测已经广泛应用于北美所有的非常规页岩和致密地层的水力压裂成像。微地震数据采集往往从最早的评价井开始并贯穿到开发阶段。微地震已经成为用于了解这些储层的水力压裂裂缝生长的标准技术。有许多使用微震活动的实例用于改

善压裂和完井设计，形成了更加有效的水力压裂和提高的产量。随着非常规油气藏开发扩展到全球，微地震监测的应用无疑将继续扩大。

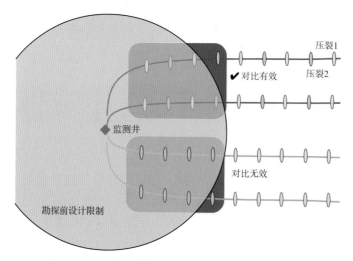

图 7-26　两个压裂段之间的理想化压裂试验示意图

两个压裂段一个由深灰色圆盘表示，另一个由浅灰色圆盘表示。测量前设计可用于确定圆圈所示的几何极限（精度或者灵敏度）。上面两口井显示了一口井或两口井之间的交替压裂的有效性对比。下面两口井显示了探测范围外两次压裂之间的无效性的对比

附录A 项目准备

以下是微地震项目所需的必要信息。

一、作业井信息

（1）在坐标参考系和参考基准面下的井坐标（包括地面高程和补心高程）；

（2）斜井观测；

（3）目标层和相关岩石属性（如孔隙度、渗透率和模量）；

（4）完井设计（桥塞射孔连作完井施工或滑套），包括设计孔喉或射孔位置；

（5）水力压裂日程表（日期、压裂公司、压裂段数、持续时间、24 小时作业许可）；

（6）具有准确时标的水力压裂施工（流体、液量、流量、施工压力、支撑剂时间计划表）；

（7）伽马射线、偶极声波测井，可选的用于标定声速的 VSP 资料和衰减估计；

（8）地质顶面（如果有可能，提供层位曲面）；

（9）地质构造，包括已知断层。

二、监测井信息

（1）井的坐标（包括地面高程和补心高程）；

（2）井斜测量资料；

（3）伽马射线和偶极声波测井资料；

（4）地质顶面；

（5）井身结构示意图（包括井口、套管尺寸和深度、打开的射孔点），以及存在哪些压力阻隔层；

（6）流体类型和液面深度，尤其是有酸性气体存在的情况；

（7）井准备工作注意事项（提生产油管和下封隔器）；

（8）水泥胶结顶面（如果有可能，提供水泥胶结测井）；

（9）井底温度及压力和井口压力。

三、地面监测信息

（1）潜在噪声源（作业基础设施、道路等）；

（2）地表地形和地貌；

（3）工农关系和土地准入问题（业主、需要清理地面或砍伐灌木）；

（4）地面采集条件；

（5）项目管理的规定；

（6）采集系统的准确时间同步；

（7）实时数据采集或作业后数据回收。

四、浅井信息

（1）地方许可详情；

（2）钻井承包商和浅井准备；

（3）基岩的近似深度；

（4）短期或长期装置；

（5）项目管理的规定；

（6）弃井程序；

（7）采集系统的准确时间同步；

（8）实时数据采集或作业后数据回收。

五、附加信息

（1）储层地质模型；

（2）三维地震；

（3）该地区已往微地震数据；

（4）其他测井资料或岩心分析资料；

（5）生产测井计划；

（6）压力监测；

（7）流体或支撑剂示踪剂；

（8）邻井的状态和位置。

附录B CSEG发布的水力压裂微地震监测标准可交付成果指南

近年来，水力压裂微地震监测技术的发展产生了提交标准化交付成果的需求。标准化有助于数据和报告的适当归档，为数据高效率的有效再处理，以及支持业界数据交换和交易创造机会。CSEG首席地球物理学家论坛成立了一个微地震小组委员会，其责任范围包括制订微地震标准。此文件描述了标准化微地震交付成果的建议准则和最低要求。尽管本文档在许多方面也适用于地面和浅井阵列监测，适用于更普遍的长期储层微地震监测应用及其他的监测技术（如测斜仪），但其重点是基于井中的水力压裂监测。

微地震和必要的补充数据可以再细分成以下各部分：

（1）监测细节和原始微地震数据，以及处理需要的足够信息。

（2）微地震定位基本处理后的数据，以及充分地解释水力压裂裂缝生长的信息。

（3）另外的微地震属性高级处理需要的数据，要有足够的信息用于解释水力压裂的其他方面（如矩张量反演用于震源机制解释）。

第一节概述了每一部分需要的最少数据，是综合了大量微地震用户数年来需求编制而成的。

通常使用微地震数据处理后的各种成果来解释和评价水力压裂裂缝的生长情况。因此，已经发展成各种不同的报告，从工程到地球物理解释，以及对处理数据的评价。下面描述了报告的不同层次，解释复杂性逐步递增：

（1）基本工程报告，解释裂隙几何形状；

（2）高级工程报告，包括综合利用灵敏度和精度的基础地球物理分析来解释裂隙几何形状并评价水力压裂改造；

（3）基本地球物理处理与质量控制报告，描述所采用的工作流程，以及相应数据精度和置信度属性；

（4）高级数据处理报告，描述工作流程及相应的解释。

每个报告的最低要求在本附录B的第二部分列出。

一、微地震资料的最低要求

微地震资料保存在类似于VSP的技术档案中，因此应遵循与之相当的报告标准。可交付成果根据每个作业部门的要求确定，形成一份清单，包括质量控制（QC）、技术记录、地球物理作业、业务单位解释人员、数据处理人员和涉及数据销售或交易的地震数据管理员。

1. 野外作业和原始微地震资料

1）井位（勘探）信息——施工方的职责

（1）钻井平台名称；

（2）井位：在规定投影系统下观测井和作业井的 GPS 地面位置、井斜测量结果、网格化或真北投影坐标及误差范围；

（3）作业井和观测井的几何形态、补心高程、误差范围；

（4）目的层（在作业井的层位名称、深度段）；

（5）与井中观测结合时地面检波器的 GPS 位置；

（6）设计射孔位置、射孔相位和密度，或替代完井方式，如滑套类型、桥塞、封隔器。

2）采集日期

开始日期和结束日期。

3）野外报告——微地震仪器组职责

（1）仪器操作员笔记——细节和准确性应该经过检查人员（质量监督）的审核。应特别注意阵列位置、所有阵列移动的时间及新阵列位置、检波器故障记录及其数据影响和时间、采集过程中任何采集参数变化，以及采集记录系统细节。建议在单独文件中分别详细说明，这些单独文件需要包括以下内容：

①与泵注信息关联的作业开始和结束时间：GPS 时钟或绝对 UTC 日期和时标（非本地时区）；

②所有采集系统和压裂作业之间的时钟同步方法；

③仪器信息：生产厂家、型号、采样率、增益，以及记录振幅的格式、记录仪上的滤波器设置（含固定增益变化记录）；

④观测井眼、检波器串顶部深度（测深）及有效的检波器、各井名称（非缩写）、液面；

⑤传感器类型（地震检波器或加速度计）、耦合类型、灵敏度［单位 V/（m/s）］、三分量极性约定和传感器线路图、检波器外壳上定义的传感器方位（h_1、h_2 和 v）、原始道数据文件的通道顺序（即 v、h_1、h_2 或 v、h_2、h_1）、通道配置、阵列内不同检波器之间排列方式的细节；

⑥通道或传感器故障：了解传感器或通道何时停止工作，以及在采集过程中采取了什么措施是非常重要的；最好将废道留在原始文件中；如果传感器完全移除，需要详细说明移除哪个传感器及何时移除；

⑦阵列的任何变化和采取了什么具体措施；

⑧实际和设计射孔位置（导爆索）、检测到和完成的射孔数；

⑨滑套位置、检测到和完成的投球数量；

⑩用于标定的可控震源或重锤包括：每次扫描/炮记录的可控震源/重锤点位（GPS 位置）；现场可控震源扫描/炮记录（SEG 格式的原始未相关数据，以下指 SEGD、SEGY、SEG2 或 SEG2M 格式）；

⑪原始数据格式和带头信息：带头格式应该符合 IEEE 标准；

⑫任何背景噪声监测文件；

⑬任何仪器测试文件。

（2）SEG 格式的连续野外原始数据：

①数据分段记录的细节（特别是顺序文件有时间间断或重叠时）；

②如果将多个阵列"缝合"在一起，并集成为一个文件，要确保各阵列记录在文件中位置按定义的顺序排列；

③如果未"缝合"就放在一起，详细说明哪些文件与哪些井相关；

④如果存在阵列系统断开连接的时间段，详细说明数据如何才能再缝合在一起或存放到单独的文件中；

⑤具体说明任何独立的采集系统是否进行 GPS 时间同步，如果没有或暂时失去同步，详细说明系统之间是否保留了相对时间关系；

⑥任何记录辅助道数据的文件；

⑦任何已采集但未直接输入原始微地震数据集的附加数据。

4）野外报告——完井队的职责

（1）压裂历史数据：供应商、压裂时间、压力、流体、支撑剂等（XLS 或 CSV 格式）；

（2）与泵注信息相关联的采集周期的开始和停止时间，所有采集系统与压裂段作业时钟同步；

（3）射孔时间（近似时间或通过信号拾取测得的时间）和用于定向（标定）的深度、井名、细节（如果采用导爆索）、记录的触发时间（如果通过辅助道进行记录）；

（4）射孔信息：深度、定时、原始文件名或编号、药量、类型、定相和每英尺的射孔数、雷管引线的长度（如果采用导爆索）；射孔计时系统信息：对精度和潜在延迟的说明、系统示意图；

（5）如果使用滑套/投球完井，投球时间和目标球座的位置；

（6）其他的定向/标定信息。

2. 基本处理成果

大多数微地震项目的基本处理涉及微地震定位和质量控制参数。下面介绍必要的数据资料：

（1）处理工作流程：数据处理的所有步骤；

（2）SEG 格式的头参数文件；

（3）射孔和（或）其他标定记录（SEG 格式或 jpeg 格式图像）；

（4）检波器方位的矢端图分析和检波器方向余弦估值；

（5）用于检查速度标定的校验炮位置估计；

（6）速度模型：v_p 和 v_s 原始声波测井曲线（速度或旅行时/慢度）、块化最终标定后模型（如果是 1D，采用 LAS 格式；如果是三维模型，采用 SEG 格式）、各向异性参数和用于建模的所有数据；

（7）纵波和横波波至时间拾取或偏移（叠加）方法、在标定炮时窗内对重叠微地震事件时间的识别；

（8）事件检测参数和描述；

（9）触发事件数据文件（SEG 格式）；

（10）微地震事件和压裂数据的可视化软件（可选）；

（11）事件信号实例（jpeg 格式图像或 PowerPoint）；

（12）带单位的微地震事件参数数据库：震源位置（带坐标参考系）、用于时间拾取的发震时刻参考点、纵波和横波波至时间拾取值、t_0 估计、震级、信噪比（叠加信号和单个传感器的未叠加信号）、RMS 噪声、纵波振幅、横波振幅、纵波和横波波至时间残差、方向残差、不确定性估值、事件与检波器的距离；

（13）其他质量控制属性；

（14）事件震级计算描述；

（15）事件定位误差椭球（方位角、距离、深度）、射孔或标定估计位置；

（16）改造体积估计和方法；

（17）除了联合定位的单独阵列定位成果（如果采用多阵列定位）。

3. 高级处理成果

高级处理是微地震监测的不断发展的一个方面，下面是超出基本数据处理的最常见处理类型的推荐可交付成果。

1）震源参数

（1）震源参数包括震源半径、应力释放和能量（包括计量单位）；

（2）计算描述：所用方程和常数、FFT 的时窗、积分位移谱（如果使用了纵波和横波）、衰减校正。

2）频率—震级关系

计算描述。

3）震源机制/矩张量反演

（1）矩张量反演方法：无约束或约束震源类型（即双力偶、剪切、拉伸）、衰减校正、条件数、拟合质量、分解、震源类型分析、断面解、应变轴、置信度、计量单位；

（2）可进行其他分解运算的具体矩张量元素（即 M_{xx}、M_{xy}、M_{xz}、M_{yy}、M_{yz}、M_{zz}）；

（3）矩张量分解：双力偶、补偿线性矢量偶极（CLVD）、扩张、哈德森 K-T 分解、双力偶、拉伸、扩张或各向同性、偏斜张量；

（4）断层面走向和倾角以及位移方位：投射到断层面（滑动角）和法线上的分量；

（5）应变轴：P 轴、T 轴和 B 轴走向和倾角；

（6）图形化描述及其图形显示；

（7）与具体破裂模式相关的替代模型震源参数：描述方法、精选参数。

4）微地震形变评价

（1）微地震变形或累积地震矩的空间/时间分析；

（2）应力和应变估值的地质力学分析。

二、分层次报告的最低要求

1. 基本工程报告

在有限的地球物理质量控制信息和工程分析情况下，微地震定位和压裂数据的工程解释至少包括：

（1）作业井的位置和目的层；

（2）微地震位置平面图；

（3）微地震位置剖面图；

（4）压裂裂缝方位、长度、高度和改造体积的解释；

（5）注入数据的时间表。

2. 高级工程分析报告

工程评价包括记录数据质量、灵敏度和精度的基本地球物理质量控制。工程评价可能包括水力压裂裂缝特征解释，以及对未来压裂改造、钻井和完井的建议，至少包括：

（1）基础工程报告的内容；

（2）矩震级估计（数据灵敏度）；

（3）估计定位不确定性（每个笛卡儿方向的数据精度）；

（4）信噪比（数据质量）；

（5）综合微地震和注入数据；

（6）用于改善压裂的任何建议。

3. 基本地球物理处理（质量控制）报告

为地球物理学家提供充分的有关数据特征、处理参数和算法的文件，用于评价微地震资料的精度，至少包括：

（1）监测所用观测系统；

（2）速度模型构建；

（3）速度模型和可能用到的三分量检波器的标定；

（4）矩震级估值；

（5）估计定位的不确定性；

（6）信噪比；

（7）波至时间和方向残差。

4. 高级地球物理处理报告

高级地震属性参数的处理和解释，包括原始信号特征、算法和处理属性不确定的描述。包括：

（1）多个同步阵列同时定位（多个井下阵列或地面—井下阵列）；

（2）频度—震级评估（Gutenberg–Richter b 值）；

（3）震源参数（震源半径、应力释放和能量）；

（4）震源机制（沙滩球或全矩张量反演）；

（5）与可用地震反射数据体的整合。

附录C 震源强度的震级估计

本书提供了震级的描述和应用。为了补充此信息，表C-1说明了震源强度，并对微震活动与较大规模的地震活动（不管是天然的还是诱发的）进行了比较。震级估值往往换算成等效的炸药量，如表C-1所示，范围从小型微地震事件到较大地震。

表 C-1 不同震级值下的等效炸药能量释放、断层/裂缝尺寸和滑距

震级	炸药当量	断层半径	滑距
6	1Mt	10~40km	5cm 至 1m
4	1kt	1~4km	0.5~10cm
2	1t	100~400m	0.5mm 至 1cm
0	1kg	10~40m	0.05~1mm
-2	1g	1~4m	5~100μm
-4	1mg	0.1~0.4m	0.5~10μm

提供的断层/裂缝尺寸和滑距的范围是根据事件发生期间的应力释放（参见第三章图3-10的实例）。

微震活动性往往低于震级0，所以，为了了解等效能量释放，考虑等效能量释放（表C-2）的其他示例可能会有帮助。

表 C-2 不同微地震震级的能量释放以及等效重物势能和动能实例

震级	地震矩（N·m）	能量（J）	势能	动能
			1m 重物	射弹
0	1000000000	63000	6300kg（面包车）	
-1	32000000	2000	200kg（桶油）	步枪
-2	1000000	63	6kg（奶壶）	手枪
-3	32000	2	200g（饮料罐）	有膛线气枪
-4	1000	0.06	6g（硬币）	香槟酒瓶用软木塞

参 考 文 献

Abercrombie, R. E., 1995, Earthquake source scaling relationships from−1 to 5 ML using seismograms recorded at 2.5km depth: Journal of Geophysical Research, 100, 24, 015−24, 036.

Aki, K., 1965, Maximum likelihood estimate of b in the formula lg $N = a−bM$ and its confidence limits: Bull. Earthquake Res. Inst. Tokyo Univ., 43, 237−239.

Aki, K., and P. G. Richards, 2002, Quantitative seismology, second edition: University Science Books.

Albright, J. N., and R. J. Hanold, 1976, Seismic mapping of hydraulic fractures made in basement rocks: Proceedings of the ERDA Symposium on Enhanced Oil and Gas Recovery, Tulsa, 2, C−8, 1−13.

Artman, B., and B. Witten, 2011, Wave−equation microseismic imaging and event selection in the image domain: 81st Annual International Meeting, SEG, Expanded Abstracts, 1699 − 1703. http://dx.doi.org/ 10.1190/1.3627531.

Auger, E., E. Rebel, A. Richard, and J. Meunier, 2010, Real−time detection, localization and characterization of frac−induced microseismic events through waveform inversion of surface seismic data: Presented at the 80th Annual International Meeting, SEG.

Baig, A., and T. Urbancic, 2010, Microseismic moment tensors: A path to understanding frac growth: The Leading Edge, 29, 320−324.

Bardainne, T., and E. Gaucher, 2010, Constrained tomography of realistic velocity models in microseismic monitoring using calibration shots: Geophysical Prospecting, 58, 739−753.

Bardainne, T., E. Gaucher, F. Cerda, and D. Drapeau, 2009, Comparison of picking−based and waveform−based location methods of microseismic events: Application to a fracturing job: 79th Annual International Meeting, SEG, Expanded Abstracts, 1547−1551, http://dx.doi.org/10.1190 /1.3255144.

BCOGC, 2012, Investigation of induced seismicity in theHorn River Basin: British Columbia Oil and Gas Commission, Open Report, http://www.bcogc.ca/document.aspx? documentID=1270 &type=.pdf.

Bell, M., H. Kraaijevanger, and C. Maisons, 2000, Integrated downhole monitoring of hydraulically fractured production wells: European Petroleum Conference, SPE 65156.

Bland, H., 2006, An analysis of passive seismic recording performance: CREWES Research Report, Volume 18, http://www.crewes.org/ForOurSponsors/ResearchReports/2006/2006−04.pdf.

Bommer, J. J., S. J. Oates, M. Cepeda, C. Lindholm, J. Bird, R. Torres, G. Marroquin, J. Rivas, 2006, Control of hazard due to seismicity induced by a hot fractured rock geothermal project: Engineering Geology, 83, 287−306.

Boore, D. M., and J. Boatwright, 1984, Average body−wave radiation coefficients: Bulletin of the Seismological Society of America, 74, 1615−1621.

Bose, S., H. −P. Valero, Q. Liu, R. G. Shenoy, and A. Ounadjela, 2009, An automatic procedure to detect microseismic events embedded in high noise: 79th Annual International Meeting, SEG, Expanded Abstracts, 1537 −1541.

Brown, J. E., R. W. Thrasher, and L. A. Behrmann, 2000, Fracturing operations, in M. Economides and K. G. Nolte, eds., Reservoir stimulation: John Wiley and Sons.

Brune, J., 1970, Tectonic stress and the spectra of shear waves from earthquakes: Journal of Geophysical Research, 75, 4997−5009.

Chambers, K., J. Clarke, R. Velasco, and B. Dando, 2013, Surface array moment tensor microseismic imaging: 75th Conference and Exhibition, EAGE, Extended Abstracts, http://dx.doi.org/10.3997/2214

-4609. 20130404.

Chapman, C. H. , and W. S. Leaney, 2012, A new moment-tensor decomposition for seismic events in anisotropic media: Geophysical Journal International, 188, 343-370.

Chouet, B. , 1996, Long-period volcano seismicity: Its sources and use in eruption forecasting: Nature, 380, 309-316, http://dx. doi. org/10. 1038/380309a0.

Ciezobka, J. , 2011, Marcellus Shale gas project: RPSEA Project 9122-04.

Cipolla, C. L. , E. P. Lolon, and M. J. Mayerhofer, 2008a, Resolving created, propped, and effective hydraulic fracture length: International Petroleum Technology Conference, IPTC 12147.

Cipolla, C. , M. Mack, and S. Maxwell, 2010, Reducing exploration and appraisal risk in low-permeability reservoirs using microseismic fracture mapping - Part 2: Canadian Unconventional Resources and International Petroleum Conference, SPE 138103.

Cipolla, C. , S. Maxwell, and M. Mack, 2012, Engineering guide to the application of microseismic interpretations: Hydraulic Fracturing Technology Conference, SPE 152165.

Cipolla, C. , S. Maxwell, M. Mack, and R. Downie, 2011, A practical guide to interpreting microseismic measurements: North American Unconventional Gas Conference and Exhibition, SPE 144067.

Cipolla, C. L. , N. R. Warpinski, and M. J. Mayerhofer, 2008b, Hydraulic fracture complexity: Diagnosis, remediation, and exploitation: Asia Pacific Oil and Gas Conference and Exhibition, SPE 115771.

Cipolla, C. L. , M. J. Williams, X. Weng, M. Mack, and S. Maxwell, 2010, Hydraulic fracture monitoring to reservoir simulation: Maximizing value: Annual Technical Conference and Exhibition, SPE 133877.

Collins, D. S. , and R. P. Young, 2000, Lithological controls on seismicity in granite rocks: Bulletin of the Seismological Society of America, 90, 709-723.

Dahm, T. , S. Hainzl, and T. Fischer, 2010, Bidirectional and unidirectional fracture growth during hydrofracturing: Role of driving stress gradients, Journal of Geophysical Research, 115, B12322, http://dx. doi. org/10. 1029/2009JB006817.

Daniel, G. , and J. W. White, 1980, Fundamentals of fracturing: Cotton Valley Symposium, SPE 9064.

Davis, S. D. , and C. Frohlich, 1993, Did (or will) fluid injection cause earthquakes? Criteria for a rational assessment: Seismological Research Letters, 64, 207-224.

De Pater, C. J. , and S. Baisch, 2011, Geomechanical study of Bowland Shale seismicity: Cuadrilla Limited open report, http://wijzijn. europamorgen. nl/9353000/1/j4nvgs5kjg27k of_ j9vvhjakykcuezg/viu9lvhwcewb/f=/blg137575. pdf.

Diller, D. E. , and S. P. Gardner, 2011, Comparison of simultaneous downhole and surface microseismic monitoring in the Williston Basin: 81st Annual International Meeting, SEG, Expanded Abstracts, 1504-1508, http://dx. doi. org/doi: 10. 1190/1. 3627487.

Downie, R. C. , E. Kronenberger, and S. C. Maxwell, 2010, Using microseismic source parameters to evaluate the influence of faults on fracture treatments—A geophysical approach to interpretation: Annual Technical Conference and Exhibition, SPE 134772.

Drew, J. , D. Leslie, P. Armstrong, and G. Michaud, 2005, Automated microseismic event detection and location by continuous spatial mapping: Annual Technical Conference and Exhibition, SPE 95513.

Du, J. , and N. R. Warpinski, 2013, Velocity building for microseismic hydraulic fracture mapping in isotropic and anisotropic media: Hydraulic Fracturing Technology Conference, SPE 163866.

Duncan, P. , and L. Eisner, 2010, Reservoir characterization using surface microseismic monitoring, Geophysics, 75, no. 5, 75A139-75A146, http://dx/doi. org/10. 1190/1. 3467760.

Eaton, D. W. , and F. Forouhideh, 2011, Solid angles and the impact of receiver-array geometry on microseismic moment-tensor inversion: Geophysics, 76, no. 6, WC77-WC85, http://dx.doi.org /10. 1190/geo2011 -0077. 1.

Eaton, D. W., M. van der Baan, J. B. Tary, B. Birkelo, and S. Cutten, 2013, Low-frequency tremor signals from a hydraulic fracture treatment in northeast British Columbia, Canada: 4th Passive Seismic Workshop, EAGE, http://www.earthdoc.org/publication/publicationdetails /? publication =66855.

Eisner, L., B. J. Hulsey, P. Duncan, D. Jurick, H. Werner, and W. Keller, 2010, Comparison of surface and borehole locations of induced microseismicity: Geophysical Prospecting, http:// dx.doi.org/10.1111/j. 1365 -2478. 2010. 00867. x.

Ejofodomi, E., K. Bizzel, T. Long, D. Mills, M. Yates, R. Downie, T. Itibrout, and A. Catoi, 2010, Improving well completion via real-time microseismic monitoring: A west Texas case study: Tight Gas Completions Conference, SPE 137996.

Erwemi, A., J. Walsh, L. Bennett, and C. Woerpel, 2010, Anisotropic velocity modeling for microseismic processing: Part 3—Borehole sonic calibration case study: 80th Annual International Meeting, SEG, Expanded Abstracts, 508-512, http://dx.doi.org/10. 1190/1. 3513829.

Evans, K. F., F. H. Cornet, T. Hashida, K. Hayashi, T. Ito, K. Matsuki, and T. Wallroth, 1999, Stress and rock mechanics issues of relevance to HDR/HWR engineered geothermal systems: Review of developments during the past 15 years: Geothermics, 28, 455-474.

Faber, K., and P. W. Maxwell, 1997, Geophone spurious frequency: What is it and how does it affect seismic data quality?: Canadian Journal of Exploration Geophysics, 33, 46-54.

Fehler, M., and W. S. Phillips, 1991, Simultaneous inversion for Q and source parameters of microearthquakes accompanying hydraulic fracturing in granitic rock: Bulletin of the Seismological Society of America, 81, 553 -575.

Fisher, M. K., J. R. Heinze, C. D. Harris, B. M. Davidson, C. A. Wright, and K. P. Dunn, 2004, Optimizing horizontal completion techniques in the Barnett Shale using microseismic fracture mapping: Annual Technical Conference and Exhibition, SPE 90051.

Fisher, K., andN. Warpinski, 2012, Hydraulic-fracture-height growth: Real data: SPE Production and Operations, 27, 8-19, SPE 145949-PA.

Forghani-Arani, F., M. Willis, S. Haines, M. Batzle, and M. Davidson, 2011, Analysis of passive surface-wave noise in surface microseismic data and its implications: 81st Annual International Meeting, SEG, Expanded Abstracts, 1493-1498, http://dx.doi.org/10. 1190 /1. 3627485.

Foulger, G. R., and B. R. Julian, 2011, Earthquakes and errors: Methods for industrial applications: Geophysics, 76, no. 6, WC5-WC15, http://dx.doi.org/10. 1190/geo2011-0096. 1.

Fuller, B., L. Engelbrecht, R. Van Dok, and M. Sterling, 2007, Diffraction processing of downhole passive monitoring data to image hydrofracture locations: 77th Annual International Meeting, SEG, Expanded Abstracts, 1297 -1301, http://dx.doi.org/10. 1190/1. 2792740.

Gale, J. F. W., R. M. Reed, and J. Holder, 2007, Natural fractures in the Barnett Shale and their importance for hydraulic fracture treatments: AAPG Bulletin, 91, 603-622.

Gaucher, E., C. Maisons, E. Fortier, and P. Kaiser, 2005, Fracture mapping using microseismic data recorded from treatment well — Results based on 20 hydro-fracturing jobs: 67th Conference and Technical Exhibition, EAGE, Extended Abstracts, C008.

Geiger, L., 1912, Probability method for the determination of earthquake epicenters from the arrival time only (translated from Geiger's 1910 German article): Bulletin of St. Louis University, 8, 56-71.

Geldmacher, I. M., A. Marr, J. Rangel, and B. Dyer, 2013, Equipment testing and optimization for borehole seismic monitoring: Borehole Geophysics Workshop II, EAGE, http://www.earthdoc.org/publication/publicationdetails/? publication=67752.

Gephart, J. W., and D. W. Forsyth, 1984, Improved method for determining the regional stress tensor using earthquake focal mechanism data: Application to the San Fernando earthquake sequence: Journal of Geophysical Research, 89, http://dx.doi.org/10.1029/ JB089iB11p09305.

Ghassemi, A., 2007, Stress and pore pressure distribution around a pressurized, cooled crack in low permeability rock: Presented at the 32nd Workshop on Geothermal Reservoir Engineering, Stanford University.

Gibowicz, S. J., and A. Kijko, 1994, An introduction to mining seismology: Academic Press.

Goertz, A., K. C. E. Hauser, G. Watts, S. McCrossin, and P. Zbasnik, 2011, A combined borehole /surface broadband passive seismic survey over a gas storage field: 81st Annual International Meeting, SEG, Expanded Abstracts, 1488−1492, http://dx.doi.org10.1190/1.3627484.

Grandi Karam, S., S. Oates, and S. Bourne, 2011, Benchmark of surface microseismic monitoring at Peace River, Canada: 3rd Passive Seismic Workshop, EAGE, http://www.earthdoc.org/ publication/publicationdetails/? publication=49384.

Grandi Karam, S., P. Webster, K. Hornman, P. G. E. Lumens, A. Franzen, F. Kindy, M. Chiali, and S. Busaidi, 2013, Microseismic applications using DAS: 4th Passive Seismic Workshop, EAGE, http://www.earthdoc.org/publication/publicationdetails/? publication=66851.

Grechka, V., and A. A. Duchkov, 2011, Narrow−angle representations of the phase and group velocities and their applications in anisotropic velocity−model building for microseismic monitoring: Geophysics, 76, no. 6, WC127−WC142, http://dx.doi.org/10.1190/geo2010 −0408.1.

Grechka, V., P. Mazumdar, and S. A. Shapiro, 2010, Predicting permeability and gas production of hydraulically fractured tight sands from microseismic data: Geophysics, 75, no. 1, B1 − B10, http://dx.doi.org/10.1190/1.3278724.

Ground Water Protection Council, 2009, Modern shale gas development in the United States: A primer: U. S. Department of Energy, Office of Fossil Energy and National Energy Technology Laboratory, http://www.netl.doe.gov/technologies/oil−gas/publications/ EPreports/Shale_ Gas_ Primer_ 2009.pdf.

Grossman, J. P., G. Popov, and C. Steinhoff, 2013, Integration of multicomponent timelapse processing and interpretation: Focus on shear − wave splitting analysis: The Leading Edge, 32, 32 − 38, http://dx.doi.org/10.1190/tle32010032.1.

Gulbis, J., and R. M. Hodge, 2000, Fracturing fluid chemistry and proppants, in M. Economides and K. G. Nolte, eds., Reservoir stimulation: John Wiley and Sons.

Gulrajani, S. N., and K. G. Nolte, 2000, Fracture evaluation using pressure diagnostics, in M. Economides and K. G. Nolte, eds., Reservoir stimulation: John Wiley and Sons.

Haege, M., S. Maxwell, L. Sonneland, and M. Norton, 2012, Integration of passive seismic and 3D reflection seismic in an unconventional shale gas play: Relationship between rock fabric and seismic moment of microseismic events: 82nd Annual International Meeting, SEG, Expanded Abstracts, http://dx.doi.org/10.1190/segam2012 −0301.1.

Haldorsen, J. B. U., M. Milenkovic, N. Brooks, C. Crowell, and M. B. Farmani, 2012, Locating microseismic events using migration−based deconvolution: 82nd Annual International Meeting, SEG, Expanded Abstracts, http://dx.doi.org/10.1190/segam2012−0248.1.

Hanks, T. C., and H. Kanamori, 1979, A moment magnitude scale: Journal of Geophysical Research, 84, 2348

-2350.

Hayles, K. , R. L. Horine, S. Checkles, and J. P. Blangy, 2011, Comparison of microseismic results from the Bakken Formation processed by three different companies: Integration with surface seismic and pumping data: 81st Annual International Meeting, SEG, Expanded Abstracts, 1468-1472, http://dx.doi.org/10.1190/1.3627479.

Healy, J. H. , W. W. Rubey, D. T. Griggs, and C. B. Raleigh, 1968, The Denver earthquakes: Science, 161, 1301-1310, http://dx.doi.org/10.1126/science.161.3848.1301.

Holland, A. , 2011, Examination of possibly induced seismicity from hydraulic fracturing in the Eola Field, Garvin County, Oklahoma: Oklahoma Geological Survey, Open-File Report, OF1-2011.

Hollis, D. , C. Cox, R. Clayton, F. Lin, D. Li, and B. Schmandt, 2013, Long Beach 3D seismic survey: Data mining continuous passive seismic data: Presented at the 4th EAGE Passive Seismic Workshop.

Huckabee, P. , 2009, Optic fiber distributed temperature for fracture stimulation diagnostics and well performance e-valuation: Hydraulic Fracturing Technology Conference, SPE 118831.

Hudson, J. A. , R. G. Pearce, and R. M. Rogers, 1989, Source type plot for inversion of the moment tensor: Journal of Geophysical Research. , 94, 765-774.

Inamdar, A. , R. Malpani, K. Atwood, K. Brook, A. Erwemi, T. Ogundare, and D. Purcell, 2010, Evaluation of stimulation techniques using microseismic mapping in the Eagle Ford Shale: Tight Gas Completions Conference, SPE 136873.

International Energy Agency, 2012, Golden Rules for a Golden Age of Gas, World Energy Outlook, Special report on unconventional gas, www.worldenergyoutlook.org.

Iverson, A. , B. Goodway, M. Perez, and G. Purdue, 2013, Microseismic, 3D and 4D applications and its relation to geomechanics and completion performance: CSEG Recorder, 38, 32-36.

Jiao, W. , M. Davidson, A. Sena, and B. Bankhead, 2013, The scalar moment and moment magnitude of micro-seismic events: 83rd Annual International Meeting, SEG, Expanded Abstracts, http://dx.doi.org/10.1190/se-gam2013-1370.

Johnston, R. , and J. Shrallow, 2011, Ambiguity in microseismic monitoring: 81st Annual International Meeting, SEG, Expanded Abstracts, 1514-1518, http://dx.doi.org/10.1190/1.3627490.

Jones, G. A. , D. Raymer, K. Chambers, and J. M. Kendall, 2010, Improved microseismic event location by in-clusion of a priori dip particle motion: A case study from Ekofisk: Geophysical Prospecting, 58, 727-737.

Jones, R. H. , and R. C. Stewart, 1997, A method for determining significant structures in a cloud of earthquakes: Journal of Geophysical Research, 102, 8245-8254.

Jost, M. L. , and R. B. Hermann, 1989, A student's guide to and review of moment tensors: Seismological Re-search Letter, 60, 37-57.

Kanamori, H. , 1978, Quantification of earthquakes: Nature, 271, 411 - 414, http://dx.doi.org/10.1038/271411a0.

Kidney, R. L. , U. Zimmer, and N. Boroumand, 2010, Impact of distance-dependent location dispersion error on interpretation of microseismic event distributions: The Leading Edge, 29, 284 - 289, http://dx.doi.org/10.1190/1.3353724.

Kilpatrick, J. E. , L. Eisner, S. Williams-Stroud, B. Cornette, and M. Hall, 2010, Natural fracture characteriza-tion from microseismic source mechanisms: A comparison with FMI data: 80th Annual International Meeting, SEG, Expanded Abstracts, 2110-2114, http://dx.doi.org/10.1190/1.3513261.

Kim, A. , 2011, Uncertainties in full waveform moment tensor inversion due to limited microseismic monitoring array geometry: 81st Annual International Meeting, SEG, Expanded Abstracts, 1509 - 1513, http://dx.doi.org/

10. 1190/1. 3627488.

King, G. E. , 2010, Thirty years of gas shale fracturing: What have we learned?: Annual Technical Conference and Exhibition, SPE 133456.

Kristiansen, T. , O. Barkved, and P. Patillo, 2000, Use of passive seismic monitoring in well and casing design in the compacting and subsiding Valhall Field, North Sea: European Petroleum Conference, SPE 65134.

Leaney, W. S. , 2008, Inversion of microseismic data by least-squares time reversal and waveform fitting: 78th Annual International Meeting, SEG, Expanded Abstracts, 1347-1351, http://dx. doi. org/10. 1190/1. 3059163.

Leaney, W. S. , and C. H. Chapman, 2010, Microseismic source in anisotropic media: 72nd Conference and Exhibition, EAGE, http://www. earthdoc. org/publication/publication details/? publication=39318.

Liang, C. , M. P. Thornton, P. Morton, B. J. Hulsey, A. Hill, and P. Rawlins, 2009, Improving signal-to-noise ratio of passive seismic data with an adaptive fk filter: 79th Annual International Meeting, SEG, Expanded Abstracts, 1703-1707, http://dx. doi. org/10. 1190/1. 3255179.

Ma, L. , L. Wang, Y. Shen, Y. Zhou, and B. Liang, 2012, Vector scanning: Hydro-fracture monitoring with surface microseismic data: SPE Europec/EAGE Annual Conference, SPE 152913.

Mack, M. , and N. Warpinski, 2000, Mechanics of hydraulic fracturing, in M. Economides and K. G. Nolte, eds. , Reservoir stimulation: John Wiley and Sons.

Madariaga, R. , 1976, Dynamics of an expanding circular fault: Bulletin of the Seismological Society of America, 66, 639-666.

Mahrer, K. D. , R. J. Zinno and J. R. Bailey, 2007, Field study—Microseismic rendering of hydraulic fracture geometry from data recorded in the treated well: 3rd North African/Mediterranean Petroleum & Geosciences Conference & Exhibition, EAGE, http://www. earthdoc. org /publication/publicationdetails/? publication=5063.

Mahrer, K. D. , R. J. Zinno, J. R. Bailey, M. DiPippo and S. Zantout, 2006, Simultaneous treatment and remote well monitoring of microseismicity from a hydraulic fracture: Passive Seismic Workshop, EAGE, http://www. earthdoc. org/publication/publicationdetails/? publication=5434.

Majer, E. L. , R. Baria, M. Stark, S. Oates, J. Bommer, B. Smith, and H. Asanuma, 2007, Induced seismicity associated with enhanced geothermal systems: Geothermics, 36, 185-222.

Maxwell, S. C. , 2009, Assessing the impact of microseismic location uncertainties on interpreted fracture geometries: Annual Technical Conference and Exhibition, SPE 125121.

Maxwell, S. C. , 2010, Microseismic: Growth born from success: The Leading Edge, 29, 338-343, http://dx. doi. org/10. 1190/1. 3353732.

Maxwell, S. C. , 2011a, Hydraulic fracture height growth: CSEG Recorder, 36, 44-47.

Maxwell, S. C. , 2011b, Microseismic network design: estimating the number of detected microseismic events during hydraulic fracturing: 81st Annual International Meeting, SEG, Expanded Abstracts, 4404-4408, http://dx. doi. org/10. 1190/1. 3658769.

Maxwell, S. C. , 2012, Comparative microseismic interpretation of hydraulic fractures: Canadian Unconventional Resources Conference, SPE 162782.

Maxwell, S. C. , L. Bennett, M. Jones, and J. Walsh, 2010a, Anisotropic velocity modeling for microseismic processing: Part 1—Impact of velocity model uncertainty: 80th Annual International Meeting, SEG Expanded Abstracts, 2130-2134, http://dx. doi. org/10. 1190 /1. 3513267.

Maxwell, S. C. , and C. Cipolla, 2011, What does microseismicity tell us about hydraulic fracturing?: Annual Technical Conference and Exhibition, SPE 146932.

Maxwell, S. C. , Z. Chen, I. Nizkous, R. Parker, Y. Rodionov, and M. Jones, 2011a, Microseismic evaluation of stage isolation with a multiple-fracport, openhole completion: Canadian Unconventional Resources Conference, SPE 149504.

Maxwell, S. C. , D. Cho, T. Pope, M. Jones, C. Cipolla, M. Mack, F. Henery, M. Norton, and J. Leonard, 2011b, Enhanced reservoir characterization using hydraulic fracture microseismicity: Hydraulic Fracturing Technology Conference, SPE 140449.

Maxwell, S. C. , M. Jones, R. Parker, S. Miong, S. Leaney, D. Dorval, D. D'Amico, J. Logel, E. Anderson, and K. Hammermaster, 2009a, Fault activation during hydraulic fracturing: 79th Annual International Meeting, SEG, Expanded Abstracts, 1552-1556, http://dx. doi. org/ 10. 1190/1. 3255145.

Maxwell, S. C. , and J. Le Calvez, 2010, Horizontal vs. vertical borehole-based microseismic monitoring: Which is better?: Unconventional Gas Conference, SPE 131870.

Maxwell, S. C. , T. Pope, C. Cipolla, M. Mack, L. Trimbitasu, M. Norton, and J. Leonard, 2011c, Understanding hydraulic fracture variability through integrating microseismicity and seismic reservoir characterization: North American Unconventional Gas Conference and Exhibition, SPE 144207.

Maxwell, S. C. , D. Raymer, M. Williams, and P. Primiero, 2012, Tracking microseismic signals from the reservoir to surface: The Leading Edge, 31, 1300-1308, http://dx. doi. org/10. 1190/ tle31111300. 1.

Maxwell, S. C. , J. Rutledge, R. Jones, and M. Fehler, 2010b, Petroleum reservoir characterization using downhole microseismic monitoring: Geophysics, 75, no. 5, 75A129-75A137, http://dx. doi. org/10. 1190/1. 3477966.

Maxwell, S. C. , J. Shemeta, E. Campbell, and D. Quirk, 2008, Microseismic deformation rate monitoring: Annual Technical Conference and Exhibition, SPE 116596.

Maxwell, S. C. , J. Shemeta, and N. House, 2006a, Integrated anisotropic velocity modeling using perforation shots, passive seismic and VSP data: CSPG-CSEG-CWLS Convention, http:// www. cspg. org/documents/ Conventions/Archives/Annual/2006/207S0131. pdf.

Maxwell, S. C. , and C. Szelewski, 2014, CSEG-CGF-MUG Induced Seismicity Forum Report, CSEG Recorder.

Maxwell, S. C. , B. Underhill, L. Bennett, and A. Catoi, 2013, What constitutes a good microseismic acquisition system?: Borehole Workshop, EAGE, http://www. earthdoc. org/publication /publicationdetails/? publication =67728.

Maxwell, S. C. , B. Underhill, L. Bennett, and A. Martinez, 2010c, Key criteria for a successful microseismic project: Annual Technical Conference and Exhibition, SPE 134695.

Maxwell, S. C. , T. I. Urbancic, S. D. Falls, and R. Zinno, 2000, Real-time microseismic mapping of hydraulic fractures in Carthage, Texas: 70th Annual International Meeting, SEG, Expanded Abstracts, 1449-1452, http://dx. doi. org/10. 1190/1. 1815677.

Maxwell, S. C. , T. Urbancic, and P. McClellan, 2003a, Assessing the feasibility of reservoir monitoring using induced seismicity: 65th Conference and Exhibition, EAGE, Extended Abstracts, http://earthdoc. eage. org/publication/publicationdetails/? publication =2959.

Maxwell, S. C. , T. I. Urbancic, M. Prince, and C. Demerling, 2003b, Passive imaging of seismic deformation associated with steam injection in Western Canada: SPE 84572.

Maxwell, S. C. , T. Urbancic, N. Steinsberger, and R. Zinno, 2002, Microseismic imaging of fracture complexity in the Barnett Shale: SPE 77440.

Maxwell, S. C. , C. K. Waltman, N. R. Warpinski, M. J. Mayerhofer, and N. Boroumand, 2006b, Imaging seismic deformation associated with hydraulic fracture complexity: SPE102801.

Maxwell, S. C. , and X. Weng, 2013, Simulation of microseismic deformation during hydraulic fracturing: Geoconvention 2013, CSEG, Expanded Abstracts.

Maxwell, S. C., and R. P. Young, 1994, An in-situ investigation of the relationship between stress, velocity and seismicity: Geophysical Research Letters, 22, 1049-1052.

Maxwell, S. C., U. Zimmer, R. Gusek, and D. Quirk, 2007, Evidence of a horizontal hydraulic fracture from stress rotations across a thrust fault: Annual Technical Conference and Exhibition, SPE 110696.

Maxwell, S. C., U. Zimmer, N. R. Warpinski, and C. K. Waltman, 2006c, Quality control/assurance reporting of passive microseismic data: 76th Annual International Meeting, SEG, Expanded Abstracts, 1585 – 1589, http://dx. doi. org/10. 1190/1. 2369823.

Maxwell, S. C., U. Zimmer, and J. Wolfe, 2009b, Seismic velocity calibration using dual monitoring well data: Hydraulic Fracturing Technology Conference, SPE 119596.

Mayerhofer, M. J., E. P. Lolon, N. R. Warpinski, C. L. Cipolla, D. Walser, and C. M. Rightmire, 2008, What is stimulated reservoir volume (SRV)?: SPE Productions and Operations, 25, 89-98, SPE 119890.

Mayerhofer, M. J., E. P. Lolon, J. E. Youngblood, and J. R. Heinze, 2006, Integration of microseismic fracture mapping results with numerical fracture network production modeling in the Barnett Shale: Annual Technical Conference and Exhibition, SPE 102103.

McGarr, A., 1976, Seismic moments and volume changes: Journal of Geophysical Research, 81, 1478-1494.

McGarr, A., D. Simpson, and L. Seeber, 2002, 40 Case histories of induced and triggered seismicity, in W. H. K. Lee, H. Kanamori, P. C. Jennings, and C. Kisslinger, eds., International handbook of earthquake and engineering seismology, Vol. 81, Part A: Elsevier, 647-661.

Mohammad, N. A., and J. L. Miskimins, 2010, A comparison of hydraulic fracture modeling with downhole and surface microseismic data in a stacked fluvial pay system: SPE Productions and Operations, 27, 253 – 264, SPE 134490.

Montgomery, C. T., and M. B. Smith, 2010, Hydraulic fracturing: A history of an enduring technology: Journal of Petroleum Technology, 62, 26-32, http://www. spe. org/jpt/print/archives /2010/12/10Hydraulic. pdf.

Moos, D., G. Vassilellis, R. Cade, J. Franquet, A. Lacazette, E. Bourtembourg, and G. Daniel, 2011, Predicting shale reservoir response to stimulation: The Mallory 145 multi-well project: Annual Technical Conference and Exhibition, SPE 145849.

Moriya, H., 2008, Precise arrival time detection of polarized seismic waves using the spectral matrix: Geophysical Prospecting, 56, 667-676.

Mullen, M., and M. Enderlin, 2012, Fracability index—More than rock properties: Annual Technical Conference and Exhibition, SPE 159755, http://dx. doi. org/10. 2118/159755-MS.

National Research Council, 2012, Induced seismicity potential in energy technologies: U. S. National Academies of Science report.

Nolen-Hoeksema, R. C., and L. J. Ruff, 2001, Moment-tensor inversion of microseisms from the B-sands propped hydrofracture, M-site, Colorado: Tectonophysics, 336, 163-181.

Norton, M., W. Hovdebo, D. Cho, M. Jones, and S. Maxwell, 2009, Surface seismic to microseismic: An integrated case study from exploration to completion in the Montney shale of NE British Columbia, Canada: 79th Annual International Meeting, SEG, Expanded Abstracts, 2095 – 2099, http://www. dx. doi. org/ 10. 1190/1. 3513258.

Pandolfi, D., E. Rebel-Schissele, M. Chambefort, and T. Bardainne, 2013, New design and advanced processing for frac jobs monitoring: 4th Passive Seismic Workshop, EAGE, Extended Abstracts.

Patel, H., J. Johanning, and M. Fry, 2013, Borehole microseismic, completion and production data analysis to determine future wellbore placement, spacing and vertical connectivity, Eagle Ford Shale, South Texas: Unconventional Resources Technology Conference, URTeC, Proceedings.

Pavlis, G., 1986, Appraising earthquake hypocenter locations errors: A complete practical approach for single event location: Bulletin of the Seismological Society of America, 94, 1817–1830.

Pei, D., J. A. Quirein, B. E. Cornish, E. Ay, S. Zannoni, C. Kessler, andW. Pettitt, 2008, Velocity calibration for microseismic monitoring: Applying smooth layered models with and without perforation timing measurements: Annual Technical Conference and Exhibition, SPE 115722.

Pettitt, W. S., B. Damjanac, J. Hazzard, Y. Han, M. Sanchez-Nagel, N. Nagel, J. Reyes-Montes, and R. P. Young, 2012, Engineering hydraulic treatment of existing fracture networks: Annual Technical Conference and Exhibition, SPE 160019.

Peyret, O., J. Drew, M. Mack, K. Brook, C. Cipolla, and S. C. Maxwell, 2012, Subsurface to surface microseismic monitoring for hydraulic fracturing: Annual Technical Conference and Exhibition, SPE 159670.

Potapenko, D. I., S. K. Tinkham, B. Lecerf, C. N. Fredd, M. L. Samuelson, M. R. Gillard, J. H. Le Calvez, and J. L. Daniels, 2009, Barnett Shale refracture stimulations using a novel diversion technique: Hydraulic Fracturing Technology Conference, SPE 119636.

Power, D. V, C. L. Schuster, R. Hay, and J. Twombly, 1976, Detection of hydraulic fracture orientation and dimensions in cased wells: Journal of Petroleum Technology, 1116–1124.

Prugger, A. F., and D. J. Gendzwill, 1988, Microearthquake location: A nonlinear approach that makes use of a simplex stepping procedure: Bulletin of the Seismological Society of America, 78, 799–815.

Raleigh, C. B., J. H. Healy, and J. T. Bredehoeft, 1976, An experiment in earthquake control at Rangely, Colorado: Science, 191, 1230–1237.

Raymer, D., and H. D. Leslie, 2011, Microseismic network design: Estimating event detection: 73rd Conference and Exhibition, EAGE, Extended Abstracts, http://earthdoc. eage. org/publication /publicationdetails/? publication = 50173.

Rentsch, S., S. Buske, S. Luth, and S. A. Shapiro, 2007, Fast location of seismicity: A migration type approach with application to hydraulic-fracturing data: Geophysics, 72, S33–S40.

Rich, J. P., and M. Ammerman, 2010, Unconventional geophysics for unconventional plays: Unconventional Gas Conference, SPE 131779.

Richter, C. F., 1936. An instrumental earthquake magnitude scale: Bulletin of the Seismological Society of America, 25, 1–32.

Rickman, R., M. Mullen, E. Petre, B. Grieser, and D. Kundert, 2008, A practical use of shale petrophysics for stimulation design optimization: All shale plays are not clones of the Barnett Shale: SPE115258, http://dx. doi. org/10. 2118/115258–MS.

Riedesel, M. A., and T. H. Jordan, 1989, Display and assessment of seismic moment tensors: Bulletin of the Seismological Society of America, 79, 85–100.

Robein, E., F. Cerda, D. Drapeau, L. Maurel, E. Gaucher, and E. Auger, 2009, Multi-network microseismic monitoring of fracturing jobs — Neuquen TGR application: 71st Conference and Exhibition, EAGE, Extended Abstracts, http://www. earthdoc. org/publication/publicationdetails /? publication = 24170.

Rodionov, Y., R. Parker, M. Jones, Z. Chen, S. Maxwell, and L. Matthews, 2012a, Optimization of stimulation strategies using real-time microseismic monitoring in Horn River Basin: GeoConvention 2012, CSEG, Expanded Abstracts.

Rodionov, Y., R. Parker, M. Jones, S. Maxwell, and C. Pan, 2012b, Real time microseismic enables effective stimulation through actively managed diversion with a Montney example: GeoConvention 2012, CSEG, Expanded

Abstracts.

Ross, A., G. R. Foulger, and B. R. Julian, 1999, Source processes of industrially-induced earthquakes at The Geysers geothermal area, California, Geophysics, 64, 1877-1889, http://dx.doi.org/10.1190/1.1444694.

Rutledge, J., R. Downie, S. Maxwell, and J. Drew, 2013, Geomechanics of hydraulic fracturing inferred from composite patterns of microseismicity: Annual Technical Conference and Exhibition, SPE 166370.

Rutledge, J., and W. Phillips, 2003, Hydraulic stimulation of natural fractures as revealed by induced microearthquakes, Carthage Cotton Valley Gas Field, east Texas: Geophysics, 68, 441 - 452, http://dx.doi.org/10.1190/1.1567214.

Rutledge, J. T., W. S. Phillips, and M. J. Mayerhofer, 2004, Faulting induced by forced fluid injection and fluid flow forced by faulting: an interpretation of hydraulic-fracture microseismicity, Carthage Cotton Valley Gas Field, Texas: Bulletin of the Seismological Society of America, 94, 1817-1830, http://www.seismosoc.org.

Sayers, C. M., and J. Le Calvez, 2010, Characterization of microseismic data in gas shales using the radius of gyration tensor: 80th Annual International Meeting, SEG, Expanded Abstracts, 2080-2084, http://dx.doi.org/10.1190/1.3513255.

Seale, R., and J. Athans, 2008, Effective open hole horizontal completion system for multistage fracturing and stimulation: Tight Gas Completions Conference, SPE 114880.

Shapiro, S. A., C. Dinske, and E. Rothert, 2006, Hydraulic-fracturing controlled dynamics of microseismic clouds: Geophysical Research Letters, 33, L14312, http://dx.doi.org/10.1029/2006 GL026365.

Shemeta, J., S. C. Maxwell, N. Warpinski, S. Quimby, T. Riebel, Z. Phillips, J. R. Kinser, G. Hinds, T. Green, and C. Waltman, 2007, Stacking seismograms to improve microseismic images: SPE Production & Operations, 24, 156-164, SPE 108103.

Sileny, J., 2012, Shear - tensile / implosion source model vs. moment tensor—Benefit in single - azimuth monitoring, Cotton Valley set-up: 74th Conference and Exhibition, EAGE, Extended Abstracts.

Sileny, J., D. P. Hill, L. Eisner, and F. H. Cornet, 2009, Non-double-couple mechanisms of microearthquakes induced by hydraulic fracturing: Journal of Geophysical Research, 114, B08307, http://dx.doi.org/: 10.1029/2008JB005987.

Simpson, D. W., 1976. Seismicity changes associated with reservoir loading: Engineering Geology, 10, 123-138.

Smith, M. B., and J. W. Shlyapobersky, 2000, Basics of hydraulic fracturing, in M. Economides and K. G. Nolte, eds., Reservoir stimulation: John Wiley and Sons.

Smith, R. J., 2010, 15 years of passive seismic monitoring atCold Lake, Alberta: CSEG Recorder, 35, http://csegrecorder.com/articles/view/15-years-of-passive-seismic-monitoring-at-cold-lake -alberta.

Smith, R. J., C. M. Keith, and J. R. Bailey, 2006, Passive seismic monitoring for casing integrity at Cold Lake, Alberta: Presented at the Workshop on Passive Seismic: Exploration and Monitoring Applications, EAGE.

Song, F., and M. N. Toksoz, 2011, Full-waveform based complete moment tensor inversion and source parameter estimation from downhole microseismic data for hydrofracture monitoring: Geophysics, 76, no. 6, WC103 - WC116, http://dx.doi.org/10.1190/geo2011-0027.1.

St-Onge, A., 2011, Akaike information criterion applied to detecting first arrival times on microseismic data: 81st Annual International Meeting, SEG, Expanded Abstracts, 1658-1662, http://dx.doi.org/10.1190/1.3627522.

St-Onge, A., and D. Eaton, 2011, Noise examples from two microseismic datasets: CSEG Recorder, 35, 46-49.

Teanby, N., J. M. Kendall, R. Jones, and O. Barkved, 2004, Stress-induced temporal variations in seismic anisotropy observed in microseismic data: Geophysical Journal International, 156, 459-466.

Trnkoczy, A., 1999, Understanding and parameter setting of STA/LTA trigger algorithm, in P. Bormann, ed.,

New manual of seismological observatory practice (NMSOP): Deutsches GeoForschungsZentrum, 1–20, http://dx. doi. org/10. 2312/GFZ. NMSOP_ r1_ IS_ 8. 1.

Usher, P. J., D. A. Angus, and J. P. Verdon, 2012, Influence of velocity model and source frequency on microseismic waveforms: Some implications for microseismic locations: Geophysical Prospecting, http://dx. doi. org/10. 1111/j. 1365–2478. 2012. 01120. x.

Vavryčuk, V., 2005, Focal mechanisms in anisotropic media: Geophysical Journal International, 161, 334–346.

Vera Rodriguez, I., D. Bonar, and M. D. Sacchi, 2011, Microseismic record de-noising using a sparse time-frequency transform: 81st Annual International Meeting, SEG, Expanded Abstracts, 1693 – 1698, http://dx. doi. org/10. 1190/1. 3627530.

Verdon, J. P., J. M. Kendall, and S. C. Maxwell, 2010, A comparison of passive seismic monitoring of fracture stimulation from water and CO2 injection: Geophysics, 75, no. 3, MA1–MA7. http://library. seg. org/doi/abs/10. 1190/1. 3304825.

Vincent, M. C., 2009, Examining our assumptions— Have oversimplifications jeopardized our ability to design optimal fracture treatments?: Hydraulic Fracturing Technology Conference, SPE 119143.

Waldhauser, F., and W. L. Ellsworth, 2000, A double-difference earthquake location algorithm: Method and application to the northern Hayward fault, California: Bulletin of the Seismological Society of America, 90, 1353 –1368.

Walker, R. N., Jr., 1997, Cotton Valley hydraulic fracture imaging project: Annual Technical Conference and Exhibition, SPE 38577.

Warpinski, N., 2009, Microseismic monitoring: Inside and out: Journal of Petroleum Technology, SPE 118537.

Warpinski, N. R., P. T. Branagan, R. E. Peterson, and S. L. Wolhart, 1998a, An interpretation of M-Site hydraulic fracture diagnostic results: Rocky Mountain Regional/Low – Permeability Reservoirs Symposium, SPE 39950.

Warpinski, N. R., P. T. Branagan, R. E. Peterson, S. L. Wolhart, and J. E. Uhl, 1998b, Mapping hydraulic fracture growth and geometry using microseismic events detected by a wireline retrievable accelerometer array: Gas Technology Symposium, SPE 40014.

Warpinksi, N. R., M. J. Mayerhofer, K. Agarwal, and J. Du, 2012, Hydraulic fracture geomechanics and microseismic source mechanisms: Annual Technical Conference and Exhibition, SPE 158935, http://dx. doi. org/10. 2118/158935-MS.

Warpinski, N. R., R. A. Schmidt, and D. A. Northrop, 1982, In-situ stresses: The predominant influence on hydraulic fracture containment: Journal of Petroleum Technology, 34, 653–664, http://dx. doi. org/10. 2118/8932-PA.

Warpinski, N. R., R. B. Sullivan, J. E. Uhl, C. K. Waltman, and S. R. Machovoe, 2003, Improved microseismic fracture mapping using perforation timing measurements for velocity calibration: SPE Journal, 10, 14–23, SPE 84488, http://dx. doi. org/10. 2118/84488-PA.

Warpinski, N. R., S. L. Wolhart, and C. A. Wright, 2004, Analysis and prediction of microseismic induced by hydraulic fracturing: Annual Technical Conference and Exhibition, SPE 87673.

Waters, G., B. Dean, R. Downie, K. Kerrihard, L. Austbo, and B. McPherson, 2009, Simultaneous hydraulic fracturing of adjacent horizontal wells in the Woodford Shale: Hydraulic Fracturing Technology Conference, SPE 119635.

Weijers, L., C. Wright, M. Mayerhofer, and C. Cipolla, 2005, Developing calibrated fracture growth models for various formations and regions across the United States: Annual Technical Conference and Exhibition,

SPE 96080.

Weng, X. , O. Kresse, C. Cohen, R. Wu, and H. Gu, 2011, Modeling of hydraulic fracture network propagation in a naturally fractured formation: SPE Production & Operations, 26, 368−380, SPE 140253.

Wessels, S. A. , A. De La Pena, M. Kratz, S. Williams−Stroud, and T. Jbeili, 2011, Identifying faults and fractures in unconventional reservoirs through microseismic monitoring: First Break, 29, 99−104.

Willis, M. E. , X. Fang, D. Pei, X. Shang, and A. Cheng, 2012, Advancing the use of rapid time lapse shear wave VSPs for capturing diffractions from hydraulic fractures to estimate fracture dimensions, 74th Conference and Exhibition, EAGE, Extended Abstracts.

Wright, C. A. , E. J. Davis, W. A. Minner, C. M. Hennigan, and G. M. Golich, 1997, Horizontal hydraulic fractures: Oddball occurrences or practical engineering concern: SPE Western Regional Meeting, SPE 38324.

Wuestefeld, A. , A. M. Baig, T. I. Urbancic, and M. Prince, 2013, Bandwith coupling issues in recording passive seismicity: Presented at the 4th Passive Seismic Workshop, EAGE.

Wutherich, K. , K. Walker, I. Aso, B. Ajayi, and T. Cannon, 2012, Evaluating an engineered completion design in the Marcellus shale using microseismic monitoring: Annual Technical Conference and Exhibition, SPE 159681.

Young, R. P. , S. C. Maxwell, T. I. Urbancic, and B. Feignier, 1992, Mining−induced microseismicity: monitoring and applications of imaging and source mechanism techniques: Pure and Applied Geophysics, 139, 697 −719.

Zhang, H. , S. Sarkar, M. N. Toksoz, H. S. Kuleli, and F. Al−Kindy, 2009, Passive seismic tomography using induced seismicity at a petroleum field in Oman: Geophysics, 74, no. 6, WCB57−WCB69, http: //dx. doi. org/ 10. 1190/1. 3253059.

Zhou, R. , L. Huang, J. Rutledge, H. Denli, and H. Zhang, 2009, Double − difference tomography of microseismic data for monitoring carbon sequestration: 79th Annual International Meeting, SEG, Expanded Abstracts, 4064−4068, http: //dx. doi. org/10. 1190/1. 3255719.

Zimmer, U. , S. Maxwell, C. Waltman, and N. Warpinski, 2009, Microseismic monitoring quality−control (QC) reports as an interpretative tool for nonspecialists: SPE Journal, 14, 737−745, http: //dx. doi. org/10. 2118/ 110517−PA.

Zoback, M. D. , and S. M. Gorelick, 2012, Earthquake triggering and large−scale geologic storage of carbon dioxide: Proceeding of the National Academy of Sciences, www. pnas. org/cgi/doi /10. 1073/pnas. 1202473109.

Zoback, M. D. , A. Kohli, I. Das, and M. McClure, 2012, The importance of slow slip on faults during hydraulic fracturing stimulation of shale gas reservoirs: Americas Unconventional Resources Conference, SPE 155476, http: //dx. doi. org/10. 2118/155476−MS.